Naturwissenschaften -BIBLIOTHEK

Irrtümer in der Wissenschaft

Herausgegeben von
Dieter Czeschlik

Mit Beiträgen von
Gottfried Bombach · Fritz Eiden · Horst Fuhrmann
Peter Karlson · Jürgen Mittelstraß · Andreas Oksche
Karl Julius Ullrich

Mit 49 Abbildungen

Springer-Verlag
Berlin Heidelberg New York
London Paris Tokyo

Dr. Dieter Czeschlik
Amselgasse 4
6900 Heidelberg

Umschlagmotiv nach J. Czichos, Heidelberg

ISBN-13: 978-3-540-17868-2   e-ISBN-13: 978-3-642-72712-2
DOI: 10.1007/978-3-642-72712-2

CIP-Kurztitelaufnahme der Deutschen Bibliothek
Irrtümer in der Wissenschaft / hrsg. von Dieter Czeschlik. Mit Beitr. von Gottfried Bombach ... – Berlin; Heidelberg; New York; London; Paris; Tokyo: Springer, 1987. (Naturwissenschaften-Bibliothek)
    ISBN 3-540-17868-6 (Berlin ...)
    ISBN 0-387-17868-6 (New York ...)
NE: Czeschlik, Dieter [Hrsg.]; Bombach, Gottfried [Mitverf.]

Gesamtherstellung: Appl, Wemding
2131/3130-543210

Vorwort

Im Rahmen ihres *studium generale* veranstaltete die Philipps-Universität Marburg im Wintersemester 1985/1986 eine Vortragsfolge zum Thema „Irrtümer der Wissenschaft". Das lebhafte Echo sowohl bei der Zuhörerschaft als auch in der Presse initiierte den Plan, ausgewählte Vorträge in diesem Band der „Naturwissenschaften-Bibliothek" zusammenzufassen. Für ihre Mithilfe bei der Realisierung des Buches danke ich den Herren Professor W. Kröll (seinerzeit Präsident der Universität) und Professor P. Karlson (seinerzeit Vizepräsident). Der Süddeutschen Zeitung (Beitrag H. Fuhrmann) und der Wissenschaftlichen Verlagsgesellschaft (Beitrag P. Karlson) danke ich für die freundliche Genehmigung, die genannten Vorträge nachdrucken zu dürfen.

Heidelberg, im Frühjahr 1987   DIETER CZESCHLIK

Inhaltsverzeichnis

Wie und warum entstehen wissenschaftliche Irrtümer?

PETER KARLSON
Philipps-Universität Marburg

Das Thema scheint eine Provokation, ja geradezu ein Sakrileg zu sein. Die Wissenschaft nimmt schließlich für sich in Anspruch, objektive Wahrheiten zu erkennen. Kann sie irren, oder kann sie gar wissenschaftlich die Wahrheit verschleiern oder etwas Falsches behaupten? Die Erfahrung lehrt, daß es Irrtümer gegeben hat, und alles spricht dafür, daß es auch in Zukunft welche geben wird. Das hat im wesentlichen zwei Gründe:

1. Wissenschaftliche Erkenntnis hat neben der sachorientierten auch eine historische Dimension. Wer heute als Student ein Lehrbuch der Chemie, der Physik, der Biologie in die Hand nimmt, bekommt meistens ein vollständiges Gebäude dieses Wissenschaftszweiges vorgesetzt. Es wird im allgemeinen verschwiegen, daß dieses Gebäude erst im Laufe der letzten drei Jahrhunderte errichtet wurde, daß die Arbeit vieler Naturforscher darin steckt. Der Weg zu diesem Ziel ist keineswegs gradlinig gewesen. Viele Irrtümer sind begangen worden und mußten korrigiert werden; die bessere Erkenntnis verdrängt mehr oder weniger schnell die alte Auffassung.

2. Wissenschaftliche Erkenntnis hat aber auch eine persönliche Dimension. In den Geisteswissenschaften ist uns dies sehr geläufig: Wir sprechen von der Philosophie Kants, von der Philosophie Schopenhauers oder der Heideggers. In den Naturwissenschaften gibt es nichts unmittelbar Vergleichbares. Die von Philip Lenard und Johannes Stark propagierte „Deutsche Physik", die sich gegen „jüdische Geistesprodukte" wie z.B. Einsteins Relativitätstheorie abgrenzen wollte, verschwand mit dem Zusammenbruch des Hitler-Regimes. In den Naturwissenschaften tritt der Naturforscher hinter seinem Werk zurück; allenfalls lebt sein Name noch in der Bezeichnung wichtiger Größen oder Einheiten, wie etwa das Plancksche Wirkungsquantum oder der Ohmsche Widerstand.

Dennoch: Es sind zumeist nicht die immer besseren Methoden oder die Erfindung neuer Apparate, die die Naturwissenschaften voranbringen, es ist ganz wesentlich die Persönlichkeit des Naturforschers, sein persönliches Wissenwollen. Durch neue Fragestellungen, die er einbringt, durch das Hinblicken auf bisher unbeachtete Erscheinungen oder durch die Verknüpfung von bisher auseinanderliegenden Erkenntnisgebieten entstehen neue Einsichten, neue Forschungsrichtungen.

Auch wissenschaftliche Persönlichkeiten sind Menschen. Menschen können irren, und ein Wissenschaftler kann durchaus eine vermeintliche Erkenntnis vertreten, eine Irrlehre. Es hat auch Beispiele gegeben, wo Naturforscher, vom Ehrgeiz besessen, Ergebnisse gefälscht haben, um Anerkennung zu erreichen.

So gibt es denn den wissenschaftlichen Irrtum und den wissenschaftlichen Betrug. Es scheint mir interessant zu untersuchen, wie wissenschaftliche Irrtümer entstanden sind und warum sie sich längere Zeit gehalten haben. Eine solche Betrachtung irrtümlicher wissenschaftlicher Hypothesen und Theorien kann, so hoffe ich, ein geschärftes kritisches Bewußtsein erwecken, sowohl den eigenen Ergebnissen gegenüber als auch den Ergebnissen anderer Autoren, die wir in der wissenschaftlichen Literatur lesen können.

Es gibt verschiedene Ebenen des wissenschaftlichen Irrtums. Die Einteilung, die ich im Folgenden gewählt habe, ist sicher nicht die einzig Mögliche, sie hat, wie jede Einteilung, ihre Schwächen, aber sie scheint mir geeignet, um Ordnung in die Betrachtungen zu bringen. Die Beispiele, die ich anführe, sind willkürlich ausgewählt und zumeist den Bereichen der Chemie und Biologie entnommen, weil diese meinem Fachgebiet am nächsten liegen.

Die Fehlprognose

Die Wahrheit, oder sagen wir besser die Richtigkeit einer wissenschaftlichen Erkenntnis beweist sich unter anderem darin, daß sie Vorhersagen ermöglicht. So kann man die Bahn eines Artilleriegeschosses berechnen, wenn man die Anfangsgeschwindigkeit und den Aufstiegswinkel kennt. Wir wundern uns nicht, wenn in der Zeitung Beginn und Ende einer Mondfinsternis bis auf die Minute genau angegeben sind; unsere heutige Kenntnis der Himmelsmechanik erlaubt eine solche Prognose[1].

Nicht alle Prognosen sind so exakt wie die Vorhersage einer Mondfinsternis. Man braucht nur an die täglichen Wetterbeobachtungen und die Wettervorhersage für den nächsten Tag zu denken, um Beispiele genug für Fehlprognosen zu haben. Statistisch ist die Treffsicherheit nicht schlecht, sie liegt

---

[1] Die Beobachtung des Sternenhimmels ist eine sehr alte Kunst, vielleicht der Beginn der Wissenschaft überhaupt. Wir wissen, daß schon bei der Entwicklung der ältesten Kulturen in Kleinasien astronomische Beobachtungen gemacht und in Gesetzmäßigkeiten zusammengefaßt wurden. Die großen Steinzirkel in Nordfrankreich und in Südengland (am bekanntesten ist wohl die Anlage in Stonehenge) haben vermutlich dazu gedient, Himmelskörper zu beobachten. Einige britische Astronomen sind der Überzeugung, daß die Priester, die in Stonehenge solche Beobachtungen gemacht haben, bereits in der Lage waren, Mondfinsternisse, vielleicht auch Sonnenfinsternisse, vorauszuberechnen. Man stelle sich vor, welches Ansehen ein Priester bei seinem Volk haben mußte, wenn sich auf sein Wort hin der Mond oder gar die Sonne verfinsterte!

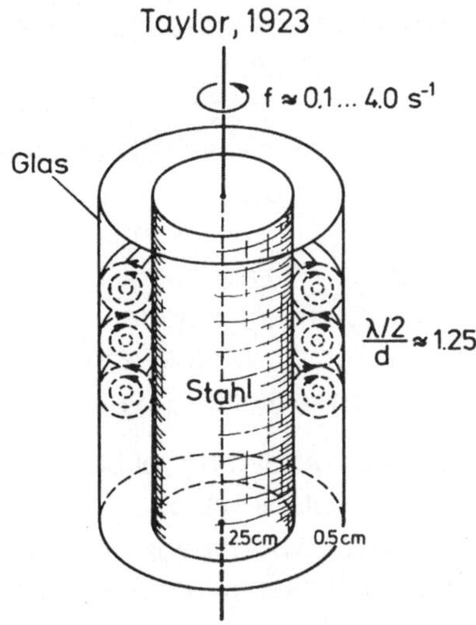

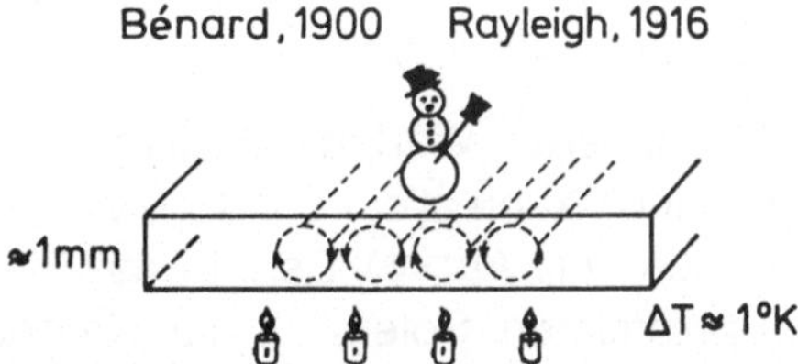

Abb. 1. Experimente zum „deterministischen Chaos". Im oberen Bildteil ist das Taylor-Experiment dargestellt, bei dem ein Impulsstrom von innen nach außen fließt. Kann dieser Impulsstrom durch eine laminare Strömung nicht mehr bewältigt werden, dann bilden sich Konvektionen aus, welche besser geeignet sind, den Impuls zu transportieren. Dabei kommt es zur Ausbildung regelmäßiger, schlauchartiger Gebilde: Im Chaos der Konvektion entsteht plötzlich Ordnung. Die geordneten Strukturen ihrerseits zeigen chaotische zeitliche Schwankungen. – Der untere Bildteil zeigt ein Experiment, bei dem Wärme von der unteren, erwärmten Platte zur oberen, kalten Platte transportiert wird. Auch hierbei kommt es trotz gleichmäßiger Erwärmung der unteren Platte zur Ausbildung von Konvektionen, die unter bestimmten Bedingungen eine Ordnung erkennen lassen, wie in der Zeichnung angedeutet. Auch dieses Muster schwankt irregulär, chaotisch, nach Lage und Amplitude. [Nach Großmann S (1981) Deterministisches Chaos, Vortrag anläßlich der 111. Versammlung der Gesellschaft Deutscher Naturforscher und Ärzte 1980. Naturwissenschaften 68: 300]

zwischen 80 und 85 Prozent, aber krasse Fehlprognosen sind dennoch sehr auffällig.

Woran liegt das? Sind die Gesetze der Meterologie noch ungenügend bekannt? Haben wir zu wenige Ausgangsdaten, um die Weiterentwicklung des Wetters vorauszusehen oder vorauszuberechnen? Es ist wohl so, daß hier Voraussagen nur mit einer gewissen statischen Wahrscheinlichkeit möglich sind. Es kommt immer wieder vor, daß durch kleine, zufällige Störungen in der

Atmosphäre das gesamte Wettergeschehen einen anderen Verlauf nimmt als vorausberechnet.

Auch die strenge Physik kennt solche Phänomene. Sie sind in letzter Zeit von vielen Wissenschaftlern untersucht worden. Das Gebiet der komplexen Dynamik, des deterministischen Chaos beschäftigt sich hiermit. Unvorhersagbarkeit tritt dann auf, wenn die Lösungen der physikalischen Gesetze empfindlich von den Anfangsbedingungen abhängen.

Das kann unter anderem eintreten, wenn mehrere „Ordnungsparameter" miteinander im Wettbewerb stehen. Hermann Haken erklärt im Rahmen der von ihm entwickelten „Synergetik" die Rolle der Ordnungsprinzipien so [1]:

„Durch Änderung äußerer Bedingungen kann ein alter Zustand eines Systems instabil werden ... (es) kann auf die erhöhte Energiezufuhr mit Hilfe einer Kollektivbewegung verschieden antworten. Einige dieser Kollektivbewegungen wachsen immer mehr an, andere werden unterdrückt, tragen aber indirekt zur Stabilisierung des neuen Ordnungszustandes bei. Die neu entstehenden Zustände werden als Ordnungsparameter bezeichnet, da diese dem System eine neue Ordnung aufprägen."

Mit anderen Worten: In diesen physikalischen Systemen, die „auf der Kippe sind", kann allein durch physikalische Gesetzmäßigkeiten eine Ordnung entstehen (vgl. Abb. 1). Es ist das Ziel der Synergetik, diese Ordnungsprinzipien zu erklären. Sofern es nur ein oder höchstens zwei Ordnungsparameter gibt, verhält sich die neue Ordnung wie gewohnt, stationär oder periodisch, somit voraussagbar. Treten aber drei oder mehr Ordnungsparameter gleichzeitig auf, so kann die oben erwähnte empfindliche Abhängigkeit von den Anfangsbedingungen auftreten, ja tritt in aller Regel wirklich auf. Wegen der stets nur ungenügenden Kenntnis der Anfangsbedingungen ist dann keine längerfristige Vorhersage mehr möglich, nur noch Wahrscheinlichkeitsangaben über die möglichen Verhaltensweisen.

Die scholastische Auseinandersetzung

In der scholastischen Auseinandersetzung bezichtigt jeweils eine Partei die andere des wissenschaftlichen Irrtums. Beispiele dafür finden wir vor allem im geisteswissenschaftlichen Bereich, etwa im Universalienstreit der Scholastiker im Mittelalter: Die Vertreter des Nominalismus glaubten, daß das Universale nur ein Wort sei und als solches nicht real: *universale post rem,* während der Begriffsrealismus dem allgemeinen universalen Begriff eine höhere Realität zuschrieb: *universale ante rem.* In einem solchen Streit bringen beide Seiten Argumente für ihre jeweilige Überzeugung und bemühen sich, die Argumente der anderen Seite zu zerpflücken und die Auffassung der Gegenseite als wissenschaftlichen Irrtum zu „entlarven".

Bekanntlich haben sich die Scholastiker in ihrer späten Zeit auch mancherlei Scheinproblemen gewidmet, an denen man die Absurdität dieser Streitereien leicht erkennen kann, wie es Morgenstern in seinem kleinen Gedicht „Scholastikerprobleme" tut:

„Wieviel Engel sitzen können
auf der Spitze einer Nadel
wolle dem dein Denken gönnen,
Leser sonder Furcht und Tadel.

Alle! wird's dein Hirn durchblitzen,
denn die Engel sind doch Geister
und ein ob auch noch so feister
Geist bedarf schier nichts zum Sitzen.

Ich hingegen stell' den Satz auf:
Keiner. Denn die nie Erspähten
können einzig nehmen Platz auf
geistlichen Lokalitäten."

Wahrscheinlich braucht die philosophische Auseinandersetzung die Form der These und Antithese, um sich weiterzuentwickeln. Wo hier allerdings Wahrheit und Irrtum liegen, läßt sich wohl kaum entscheiden, diese Begriffe sind vermutlich nicht anwendbar. Dennoch wird immer wieder versucht, die eigene Meinung als das endgültige Wahre, die Gegenmeinung als wissenschaftlichen Irrtum darzustellen.

Um die Wende vom 18. zum 19. Jahrhundert entstand in Deutschland die Bewegung der Romantik, die auch auf die Wissenschaft übergriff. Im Kern war sie eine Absage an die klassische, rationale, messende Wissenschaft. Novalis hat das dichterisch sehr schön ausgedrückt:

„Wenn nicht mehr Zahlen und Figuren
Sind Schlüssel aller Kreaturen,
Wenn die, so singen oder küssen
Mehr als die Tiefgelehrten wissen,
Wenn sich die Welt ins freie Leben
Und in die Welt wird zurückbegeben,
Wenn dann sich wieder Licht und Schatten
Zu echter Klarheit werden gatten,
Und man in Märchen und Gedichten
Erkennt die wahren Weltgeschichten,
Dann fliegt vor einem geheimen Wort
Das ganze verkehrte Wesen fort."

In der Naturphilosophie jener Zeit finden wir denselben Geist, den Überschwang des Gefühls, das Bewußtsein, daß man die Welträtsel intuitiv werde lösen können. Bei Schelling, der eine eigene „Zeitschrift für spekulative Physik" gründete, finden wir zahlreiche Belege für diese Art apodiktischer, nicht weiter begründeter „Erkenntnis" [2]:

„Das Tier ist in der organischen Natur das Eisen, die Pflanze das Wasser ... Das weibliche und männliche Geschlecht der Pflanze ist der Kohlenstoff und Stickstoff des Wassers ..."

„Die Wolken, in denen das Wasser zwischen Sauerstoff und Wasserstoff schwankt, folgen als bewegliche Magnetnadeln dem allgemeinen Zug und zeigen, wenn ein schöner Tag bevorsteht, den Morgen dieselbe Abweichung, wie die Magnetnadel gegen Westen, indem sie sich wahrscheinlich zu Wasserstoff auflösen, von Nachmittag an und gegen Abend die Abweichung nach Osten, indem sie sich in Sauerstoff auflösen."

Hegel definiert in der Physik den Raum als das „unsinnliche Sinnliche", das Licht als die „unmaterielle Materie", und auch der Magnetismus soll in Materie übergehen, da, nach Hegel, ein magnetisierter Eisenstab sein Gewicht vermehrt.

Man mag einwenden, daß Schelling und Hegel sich als Philosophen auf Gebiete begeben haben, die sie nicht beherrschten. Aber viele Naturforscher der Zeit, wie etwa Lorenz Oken, Carl Gustav Carus, Nees von Eisenbeck, Franz Unger und andere haben ähnlich argumentiert. Henrik Steffens, 1811 Professor der Physik in Breslau, lehrte unter anderem:

„Der Stickstoff ist das relativ überwiegende Unendliche in der magnetischen Achse ... Der Magnetismus ist die Verwandlung des Sauerstoffs und Wasserstoffs in Kohlenstoff und Stickstoff."

Für Oken lag die Erkenntnis im Vergleich, in der Analogie, und dabei kamen allerlei Merkwürdigkeiten heraus. So sollten die Zähne der Wirbeltiere den Fingern entsprechen, der Zahnschmelz den Hufnägeln gleichen. An anderer Stelle sagt er,

„das ganze Thierreich sei der theilweise producierte Mensch und dieser nichts anderes als die Combination aller Thiere".

Er vergleicht die Vogelfeder mit einer Insektenluftröhre, dann mit einem Insektenflügel und folgert:

„Der Vogel ist von außen ein Kerf, von innen ein Lurch. Ich sehe jede Feder mit Erstaunen an. Es liegt etwas Wunderbares darin, ein solches Insekt auf einem solchen Frosch sitzen und mit ihm wie ein freundliches Schmarotzertier verwachsen zu sehen" [3].

Es gab natürlich zu dieser Zeit auch andere Auffassungen, nicht alle schlossen sich der Naturphilosophie an. So warnte Alexander von Humboldt die deutschen Chemiker vor einer Chemie, „in der man sich nicht die Hände naß macht", und Goethe betonte, daß er ein Stockrealist sei. „Mein Prüfstand auf alle Theorie bleibt die Praxis", erklärte er. Und tatsächlich, schon wenige Jahrzehnte nach Schelling, Carus und Oken hatte sich die experimentelle Naturwissenschaft und die Formulierung ihrer Gesetze in mathematischer Form endgültig durchgesetzt, und die Naturphilosophie war in Verruf geraten. Für die Naturphilosophen selbst war es sicher eine *subjektive Wahrheit,* die sie mit ihren Lehren verkündet haben. Wir sind geneigt zu sagen, daß wir mit unserer heutigen „exakten" Naturwissenschaft die *objektive Wahrheit* in der Hand haben. Ob spätere Generationen auch so urteilen, das vermag heute niemand zu sagen.

Gibt es nicht auch heute noch, selbst im Zeichen der exakten Wissenschaften, verschiedene Meinungen, verschiedene Ansichten? Im Bereich der Medizin kennt man den Streit zwischen verschiedenen Schulen: Schon aus der Namengebung wird ersichtlich, daß es sich hier um Unterschiede in der Auffassung, vielleicht auch in bestimmten Operations- und Behandlungsmethoden, handelt, die letztlich nicht rational zu begründen sind.

Irrige Begriffe und Definitionen

Um 1700 entwickelte Stahl die Phlogiston-Theorie als eine gemeinsame Anschauung für alle Verbrennungsvorgänge. Er lehrte, daß alle brennbaren Substanzen einen Bestandteil enthielten, den er „Phlogiston" nannte; der Name ist abgeleitet von griechisch „phlegein" – brennen – und bedeutet so etwa „Feuerstoff".

Durch die Definition des Phlogistons war ein neues Element, ein neuer Grundstoff in die Chemie eingeführt. Die Phlogiston-Lehre wurde fast ein Jahrhundert lang von allen bedeutenden Gelehrten akzeptiert, und auch die Entdecker des Sauerstoffs, Priestley und Scheele, standen auf dem Boden der Phlogiston-Theorie. Priestley bezeichnete sogar das von ihm entdeckte Gas als „Dephlogistierte Luft".

Wenn das Phlogiston bei der Verbrennung entweicht, dann sollte die Substanz leichter werden. Für die meisten organischen brennbaren Stoffe trifft das zu: Von einem Klotz Holz bleibt nur ein Häufchen Asche zurück. Die Chemiker allerdings hatten um 1700 schon gefunden, daß brennbare Metalle Stoffe lieferten, die Kalke oder Erden, die schwerer waren als das Metall. Manche Vertreter der Phlogiston-Theorie erklärten das durch die Annahme, daß das Phlogiston ein negatives Gewicht habe. Viele indessen kümmerten sich wenig um die quantitativen Gewichtsverhältnisse und sahen im Phlogiston mehr ein energetisches Prinzip, vergleichbar der chemischen Reaktionswärme, die ja bei den meisten Verbrennungsvorgängen frei wird.

Heute ist es leicht zu sagen, daß die Phlogiston-Theorie ein großer Irrtum in der Entwicklung der Chemie gewesen ist und daß einsichtige Geister, wie etwa Priestley oder Scheele, ihr schon früher hätten den Garaus machen müssen. Man sollte aber nicht verkennen, daß die Phlogiston-Theorie eine ganze Reihe von chemischen Erscheinungen und Reaktionen als wesensverwandt zusammenfaßte: Sie war als Ordnungsprinzip für die chemischen Reaktionen von großer Bedeutung. Sie erklärte nicht nur die Oxidation als Entweichen von Phlogiston, sondern auch die umgekehrte Reaktion, die Reduktion, bei der Phlogiston etwa einem Metallkalk wieder zugefügt wird und als Ergebnis das reine Metall erschmolzen werden kann.

So steckte eben in diesem Irrtum eine große Portion Wahrheit, jedenfalls, wenn man nicht die Details betrachtet, sondern die wissenschaftsgeschichtlich bedeutsame Zusammenfassung verschiedener Vorgänge unter einen Oberbegriff.

Ein ebenso überflüssiger Begriff ist, jedenfalls nach der Meinung der heutigen Biologie, die Entelechie oder Gestaltungsseele. Zu Beginn dieses Jahrhunderts wurde von den Neovitalisten, vor allem von Hans Driesch, die Ansicht vertreten, daß viele Vorgänge in der belebten Natur, vor allem bei der Embryonal- und Postembryonalentwicklung, nicht erklärbar seien, ohne ein wirkendes Agens, gewissermaßen eine neuartige Naturkraft, anzunehmen. Diese Naturkraft wurde Gestaltungsseele oder Entelechie genannt. Der Begriff „Entelechie" wurde bereits von Aristoteles verwendet für die Zielstrebigkeit der Entwicklung.

Hans Driesch hat als Biologe begonnen und unter Ernst Haeckel studiert; später hat er an der biologischen Station in Neapel über die Entwicklung des Seeigelkeims gearbeitet. Seine experimentellen Arbeiten auf diesem Gebiet gehören zu den klassischen Untersuchungen der Embryologie. In der *Erklärung* seiner Beobachtungen verließ er den Boden der naturwissenschaftlichen Biologie: Es schien ihm unvorstellbar, daß die Vielfalt von Zellwanderungen, die schließlich zur vorbestimmten Gestalt des Individuums führen, durch rein physikalisch-chemische Kräfte zustande kommen. Er fühlte sich genötigt, hierfür eine besondere, von der physikalisch-chemisch-mechanistischen Welt verschiedene Qualität, eben die Entelechie oder Gestaltungsseele, als steuerndes Agens anzunehmen, und wandelte sich damit zum Naturphilosophen. Driesch hat seine Ansichten bis in die 40er Jahre hinein verteidigt; er hat auch einige Anhänger gefunden, aber die Mehrheit der Biologen wandte sich gegen ihn. Heute wird der Vitalismus im allgemeinen als Irrlehre angesehen.

Wissenschaftssystematisch betrachtet, bedeutet die Annahme einer besonderen, nur dem Leben eigenen Gestaltungskraft den Verzicht auf die weitere Erforschung der Lebensvorgänge mit physikalischen und chemischen Methoden. Indem man die Entwicklungsvorgänge als Wirkung von etwas Höherem beschreibt, erscheint eine weitere Erforschung von Kausalitäten in diesem Bereich sinnlos.

Irrtümer entstehen notwendigerweise auch dann, wenn an sich „richtige" Theorien auf Gebiete übertragen werden, in denen sie nicht anwendbar sind. Ein Beispiel hierfür ist die Übertragung der Gesetze der Kolloidchemie auf Lebensvorgänge.

1861 unterschied Th. Graham [4] zwei Klassen von chemischen Verbindungen, die Kolloide und die Kristalloide. Kolloide sollten dadurch charakterisiert sein, daß sie nicht imstande sind, bestimmte Membranen zu durchdringen und daß sie nicht kristallisiert werden konnten. Prototyp ist der Leim; vom griechischen Wort „kolla" für Leim ist der Begriff „Kolloid" abgeleitet. Graham behauptete auch bereits, daß die Kolloide eine ganz besondere Rolle in der lebenden Zelle spielen. Die Physikochemiker korrigierten die Grahamschen Vorstellungen dahingehend, daß auch „Kristalloide" in den kolloidalen Zustand übergehen können. So wurden in Laboratorien kolloidale Goldlösungen und kolloidale Lösungen von vielen Stoffen, die an sich zu den Kristalloiden zu rechnen sind, hergestellt. An diesen kolloidalen Lösungen wurden dann die Gesetze der Kolloidchemie entwickelt.

Es war die bedenkenlose Übertragung des Kolloidbegriffs und der Lehren der anorganischen Kolloidchemie, die in der sich entwickelnden Biochemie zu großer Verwirrung geführt haben. Zunächst wurden die Lehren von Graham nur zögernd übernommen. Erst als Wolfgang Ostwald 1910 unter dem Titel „Die Welt der vernachlässigten Dimensionen" eine allgemeinverständliche Kolloidlehre herausgab und auch in Vorträgen für dieses sein Spezialgebiet warb, machte sich kolloidchemisches Gedankengut in der Biologie breit. Die Biologen begannen, im Zellplasma ein kolloidales System zu sehen, das sich in einem Gelzustand befinden sollte. Man glaubte, durch die Anwendung der Gesetze der Kolloidchemie manche Lebenserscheinungen, zum Beispiel die Muskelkontraktion, erklären zu können. So schreibt Wolfgang Ostwald in einem Beitrag zur allgemeinen Biologie [5]:

„Eine Fülle von Erscheinungen in der organisierten Substanz findet schon jetzt durch den Vergleich mit den entsprechenden Eigentümlichkeiten kolloider Gebilde im Reagenzglas ihre entsprechende Erklärung … Die Forschung (sieht) schon mit den jetzigen kolloidchemischen Mitteln eine überwältigend reiche Ernte auf biologischem Gebiet vor sich … Die Kolloidchemie ist heute das Gelobte Land der allgemeinen Biologie."

Diese überschwenglichen Erwartungen haben sich keineswegs erfüllt. Im Gegenteil, die Anwendung der Gesetze anorganischer Kolloide auf die Lebensvorgänge hat nur Verwirrung gestiftet. Viele Biologen waren allerdings mit der Aussage: „Die Zelle ist ein kolloides System" zufrieden und übersahen völlig, daß damit keine Erkenntnis gewonnen war, sondern daß man vielmehr auf eine weitere Entwicklung verzichtete.

Es war Hermann Staudinger, der ab 1920 das Konzept der Makromoleküle in die Chemie einführte. Auf einem Vortrag in Zürich 1925 wurde er deshalb energisch angegriffen. Ein Kollege sagte ihm, daß organisch-chemische Moleküle mit Molekülmassen über 5000 Dalton nicht existieren könnten oder daß organische Moleküle mit mehr als 40 bis 50 Kohlenstoffatomen nicht existenzfähig seien.

Das Konzept von Hermann Staudinger war richtig, aber das Makromolekül, welches er für seine Experimentaluntersuchungen verwandte, war denkbar unglücklich gewählt. Er nahm nämlich Zellulose, die erst durch bestimmte chemische Operationen in Lösung gebracht werden mußte. Dabei trat eine nicht unerhebliche und zufällige Spaltung des Moleküls ein, so daß man Bruchstücke verschiedener Länge und damit verschiedene Molekülmassen erhielt. Darüber hinaus war die Zellulose als Fadenmolekül kein Modell für die Eiweißstoffe.

Die Erkenntnis, daß Eiweißstoffe einheitliche Makromoleküle und nicht kolloide Aggregate sind, also den Durchbruch zur Wahrheit und die Überwindung des Irrtums, verdanken wir The Svedberg. The Svedberg war Kolloidchemiker und interessierte sich für die Teilchengröße in Goldsolen und anderen kolloiden Lösungen. Zu diesem Zweck entwickelte er schnellaufende Zentrifugen, bei denen die Sedimentation der Teilchen während des Laufes mit optischen Methoden beobachtet werden konnte. Allerdings mußte die Konstruktion dieser Zentrifugen noch entscheidend verbessert werden, und in einem Kolloid-Symposium im Juni 1923 sagte er [6]:

„Experiments of this kind are planned in my laboratory. They are of importance because we are dealing here with one of the few possible means of studying the distribution of sizes in protein sols."

Die ersten Untersuchungen mit einem reinen Eiweißstoff, dem Hämoglobin, mit einer verbesserten Zentrifuge Ende 1924 zeigten, daß alle Hämoglobinteilchen gleichschnell sedimentierten, also die gleiche Molekülmasse haben mußten. Das Ergebnis war für Svedberg überraschend; er zog aber den richtigen Schluß, daß Eiweißstoffe keine Aggregate sind, sondern definierte Moleküle. Es kam nun darauf an, diese Untersuchungen auf andere Eiweißstoffe auszudehnen. Zu diesem Zweck entwickelte er immer bessere Zentrifugations- und Beobachtungsverfahren und hatte gegen Ende der 20er Jahre die Einheitlichkeit der Proteinmoleküle bewiesen[2].

Allerdings führten die eleganten Messungen von Svedberg zunächst zu einem anderen wissenschaftlichen Irrtum. Die Molekulargewichte, die er fand, ließen sich als Multiple einer Einheit von 17 500 ausdrücken, und er sah darin eine Gesetzmäßigkeit. Diese ging später als die sogenannte „Svedbergsche Regel" in die Literatur ein, und es dauerte weitere zwei Jahrzehnte, bis sie ad acta gelegt werden konnte.

Ablösung einer wissenschaftlichen Theorie durch eine neue Theorie

Wir kommen zurück zur historischen Dimension der Wissenschaft. Oft hat eine wissenschaftliche Theorie lange Zeit Gültigkeit, bis durch neue Tatsachen eine Änderung der Theorie erzwungen wird. Dann kann es vorkommen, daß die alte Theorie sich als Irrlehre erweist.

Sehr gut läßt sich dies an unserer Vorstellung von der Natur des Lichtes darlegen. Newton hatte das Licht als einen Strom von kleinen Korpuskeln angesprochen, die sich durch den Raum bewegen. Huygens hatte später

---

[2] Die entscheidende Arbeit über die Bestimmung der Molekülmasse von Hämoglobin erschienen Anfang 1926. Ihre fundamentale Bedeutung wurde so schnell erkannt, daß Svedberg noch im Herbst des gleichen Jahres den Nobelpreis „für seine Untersuchungen über disperse Systeme" erhielt.

gelehrt, daß das Licht eine Schwingung, eine Wellenbewegung sei. Auf der Basis der Wellenbewegung konnte man eine Reihe von optischen Phänomenen sehr gut erklären, wie zum Beispiel die Interferenz. Sie wurde im Laufe der folgenden Jahrzehnte zu einem großartigen Gebäude ausgebaut, das in den Maxwellschen Gleichungen gipfelte. Danach wurde Licht als elektromagnetische Schwingung mit einem bestimmten Frequenzbereich aufgefaßt. Aber auch die Huygenssche Theorie hatte sich nur als Näherungslösung erwiesen. Max Planck zeigte, daß bestimmte Beobachtungen nur dann gedeutet werden konnten, wenn man eine Quantelung der Lichtenergie annimmt, ein Gedanke, der der elektromagetischen Theorie von Huygens-Maxwell diametral entgegenstand. Erst in der Physik der 20er Jahre konnte dieser scheinbare Widerspruch einigermaßen aufgelöst werden.

Es dauerte übrigens geraume Zeit, bis die Quantentheorie sich endgültig durchgesetzt hatte. Max Planck äußerte sich dazu selbst mit folgenden Worten:

„Eine neue wissenschaftliche Wahrheit pflegt sich nicht in *der* Weise durchzusetzen, daß ihre Gegner überzeugt werden und sich als bekehrt erklären, sondern vielmehr dadurch, daß die Gegner allmählich aussterben und daß die heranwachsende Generation von vornherein mit der Wahrheit vertraut gemacht ist" [7].

Eine ähnlich umwerfende Neuerung war die spezielle Relativitätstheorie, in noch stärkerem Maße die allgemeine Relativitätstheorie von Albert Einstein. Es wäre allerdings zu einfach, zu sagen, daß mit der Relativitätstheorie die alte Newtonsche Mechanik als Irrlehre entlarvt wurde. In der klassischen Physik behält sie immer noch ihre Gültigkeit. Heisenberg [8] reiht sie ein unter die „abgeschlossenen Theorien". Solche Theorien sind in sich geschlossen, ihre Gesetze bleiben für immer gültig, allerdings nur in dem Bereich, in dem ihre Grundbegriffe anwendbar sind. Wo dies nicht mehr gilt – wo wir, bei kleinen Energien, die Quantelung der Energie oder, bei hohen Geschwindigkeiten, die entsprechenden Veränderungen nach der Relativitätstheorie berücksichtigen müssen, da versagen die Begriffe und die Gesetze dieser abgeschlossenen Theorie.

Die Einsteinsche Theorie ist, vor allem in den 20er Jahren, stark angefeindet worden. Man hat sie eine „vom jüdischen Geist geprägte Irrlehre" genannt. Wie stark politisiert diese Auseinandersetzungen schon 1922 waren, beschreibt Heisenberg [9] sehr anschaulich:

„Der Einsteinsche Vortrag fand in einem großen Saal statt, den man, ähnlich einem Theaterraum, durch viele kleine Türen von allen Seiten betreten konnte. Als ich hineingehen wollte, drückte mir an einer solchen Tür ein junger Mann – wie ich später hörte, ein Assistent oder Schüler eines bekannten Physikprofessors aus einer süddeutschen Universitätsstadt – einen bedruckten roten Zettel in die Hand, auf dem vor Einstein und seiner Relativitätstheorie gewarnt wurde. Es handele sich dabei, so war etwa zu lesen, um ganz ungesicherte Spekulationen, die durch eine dem deutschen Wesen fremde Reklame jüdischer Zeitungen ungebührlich überschätzt worden seien. Im ersten Augenblick dachte ich, der Handzettel sei wohl das Werk eines Verrückten, wie sie hin und wieder auf solchen Tagungen auftauchten. Als mir aber berichtet wurde, daß tatsächlich der wegen seiner bedeutenden experimentellen Arbeiten hochangesehene Physiker, vor dem auch Sommerfeld in seinen Vorlesungen oft gesprochen hatte, der Urheber des Zettels sei, brach mir eine meiner wichtigsten Hoffnungen zusammen. Ich war so überzeugt gewesen, daß wenigstens die Wissenschaft vom Streit der politischen Meinungen, den ich ja im Bürgerkrieg in München genügsam kennengelernt hatte, vollständig ferngehalten werden könnte. Nun sah ich, daß auf dem Umweg über charakterlich schwache oder kranke Menschen selbst das wissenschaftliche Leben durch böse politische Leidenschaften infiziert und entstellt werden kann. ... Die hier von einem Physiker gegen die Relativitätstheorie eingesetzten Mittel waren so schlecht und unsachlich, daß dieser Gegner offenbar nicht mehr darauf vertraute, die Relativitätstheorie durch wissenschaftliche Argumente widerlegen zu können."

Es ließen sich übrigens noch mehr Beispiele dafür anführen, daß wissenschaftliche Theorien, Hypothesen oder Aussagen aus politischen oder weltanschaulichen Gründen abgelehnt und verfolgt wurden. So haben bekanntlich die Lehren von Lyssenko die Biologie, insbesondere die Genetik, in der Sowjetunion in verhängnisvoller Weise zurückgeworfen.

Das hartnäckige Verfolgen einmal aufgestellter Theorien, die auf ungenauen oder fehlerhaften Experimenten beruhen

Auch hierfür gibt es viele Beispiele, manche davon sind vielleicht nicht von den vorher besprochenen Kategorien scharf zu unterscheiden. Ein Beispiel aus der Physik sind die sogenannten N-Strahlen. 1903 hatte der berühmte französische Physiker Blondlot verkündet, er habe eine neue Art von Strahlen entdeckt, die neben den Röntgenstrahlen von einer Röntgenquelle ausgehen sollten. Seine Entdeckung wurde zunächst von zahlreichen Fachkollegen besonders in Frankreich bestätigt und ausgebaut. Auch vom Nervensystem des Menschen sollten solche Strahlen ausgehen, die in der Lage waren, die Helligkeit eines elektrischen Funkens, der zwischen zwei Drähten übersprang, zu verändern. Zwischen 1903 und 1906 waren diese Strahlen von mindestens 40 Personen beobachtet und in etwa 300 Aufsätzen beschrieben worden. Es stellte sich dann heraus, daß Blondlot einer Selbsttäuschung aufgesessen war. Das erstaunliche Phänomen war nur, daß viele andere ihm folgten und in ganz ähnlicher Weise Helligkeitsschwankungen von Funken visuell beobachteten und in seinem Sinne interpretierten.

Physikalische Strahlen, die der Mensch nicht wahrnehmen kann, waren auch in der Folgezeit Gegenstand vieler angeblicher Beobachtungen. Mitte der 20er Jahre spielte die mitogenetische Strahlung eine solche Rolle: eine physikalische Strahlung, die Zellen zur Zellteilung (Mitose) veranlassen sollte. Es gab über tausend Veröffentlichungen zu diesem Thema, teils waren sie bestätigend, teil waren sie es nicht. Heute sind sie der Vergessenheit anheimgefallen.

In der pseudowissenschaftlichen Literatur spielen „Erdstrahlen" immer noch eine Rolle. Immer wieder werden Beispiele erzählt, wie in bestimmten

Häusern, die den Erdstrahlen in besonderer Weise ausgesetzt sind, Unheil oder Krankheiten vorkommen. Insbesondere wurden Erdstrahlen für die Auslösung von Krebserkrankungen verantwortlich gemacht.

Zur hartnäckigen Verteidigung fragwürdiger Experimente gehört wahrscheinlich auch der Nachweis der „Abwehrfermente" durch Emil Abderhalden und seine Schüler. Ausgangspunkt war eine Beobachtung von Emil Abderhalden aus dem Jahre 1907, daß Blutserum die Fähigkeit entwickeln sollte, Eiweißstoffe enzymatisch zu spalten, nachdem dem Versuchstier parenteral[3] Eiweiß zugeführt wurde [10].

Da das Blutserum desselben Tieres vor dieser Injektion nicht in der Lage war, dieses Eiweiß zu spalten, so mußte nach Abderhalden hier eine Abwehrreaktion vorliegen, es sollten also Abwehrenzyme (man nannte sie damals „Abwehrfermente") gebildet worden sein. Später wurde der Begriff „körperfremde Proteine" ersetzt durch „blutfremde Proteine". Abderhalden hatte nämlich wenige Jahre später gefunden, daß das Blut von Schwangeren ein Trockenpulver aus Plazenta abbauen sollte, weil Zellen aus der Plazenta in den Blutstrom gelangen und damit die Abwehrreaktion auslösen sollten. Darauf gründete Abderhalden eine Schwangerschaftsdiagnose. Später kam eine Krebsdiagnostik dazu. Abderhaldens Erklärung dazu war, daß Krebszellen andere Proteine enthalten als normale Zellen (eine Ansicht, die wir heute nicht mehr teilen).

Das Erstaunliche an diesen Abwehr-Proteinasen war die von den Untersuchern behauptete hohe Spezifität dem Substrat gegenüber. Die Substrate waren im Grunde Gewebe-Trockenpräparate, die überdies durch mehrmaliges Auskochen von löslichen Substanzen, die mit Eiweiß-Abbauprodukten verwechselt werden konnten, befreit wurden. Damit war das Eiweiß denaturiert. Wir wissen zwar heute, daß denaturiertes Eiweiß leichter von Enzymen gespalten wird als natives Eiweiß, aber andererseits gehen die meisten Spezifitäten der Enzyme durch das Denaturieren verloren. Es ist also schwer zu glauben, daß diese denaturierten Gewebepräparate von spezifischen Enzymen „erkannt" werden konnten. Überdies wissen wir heute, daß alle gut charakterisierten Proteinasen eine vergleichsweise breite Spezifität haben, also keineswegs nur mit einem bestimmten Eiweißstoff reagieren.

Emil Abderhalden hat die Abwehrproteinasen ganz sicher nicht „erfunden". Er hat auf sehr vielen Gebieten gearbeitet, war ein sehr angesehener Professor der physiologischen Chemie in Halle an der Saale, und hatte es gewiß nicht nötig, seinen Ruhm durch dubiose Publikationen zu vermehren. Er war sicher kein sehr kritischer Forscher, und die Abwehrproteinasen waren sein besonderes Steckenpferd. Um 1930 beschrieb er eine Methode zum Nachweis der Abwehrproteinasen im Harn sowie verbesserte Methoden zu ihrem Nachweis,

---

[3] parenteral heißt: unter Umgehung des Magen-Darm-Trakts, also durch Injektion entweder in das Blut selbst oder in die Muskulatur oder in die Leibeshöhle.

und durch diese neue Methode wurden auch die Kliniker angeregt, sich wieder mit Abwehrproteinasen und ihrer Verwendung zur Diagnostik zu beschäftigen. Es gab zahlreiche teils positive, teils negative Befunde. Dabei wurden immer wieder erstaunliche Spezifitäten gemeldet. So sollte die Globinkomponente des Hämoglobins Blutgruppenspezifität besitzen, die man mit der Abderhaldenschen Reaktion nachweisen kann. Auch sollten Bluteiweißkörper im Laufe des Lebens von Kaninchen Änderungen in der Feinstruktur erfahren, die durch Abwehrproteinasen erkannt werden können.

Das Phänomen der Abwehrproteinasen wurde nicht nur von Emil Abderhalden und seinen Schülern beschrieben. Es gab zwar eine Reihe von Autoren, die die Befunde von Abderhalden nicht bestätigen konnten, es gab aber auch eine große Zahl von Veröffentlichungen, die über gleiche oder sehr ähnliche Befunde berichteten. Im Jahre 1940 wurde sogar von Mall und Bersin über die Isolierung von kristallisierten Abwehrfermenten aus dem Harn berichtet [11]. Diese Kristalle haben sich nachher als ein einfaches anorganisches Salz, Magnesium-ammonium-phosphat, erwiesen. Die Autoren geben in einer späteren Arbeit an, daß an diesem anorganischen Salz das spezifische Abwehrferment adsorbiert gewesen sein soll.

Die Literatur über Abwehrfermente ist wegen der zahlreichen, teils positiven, teils negativen Berichte darüber verwirrend. Bei der Bewertung muß man berücksichtigen, daß zu jener Zeit die Methoden zum Nachweis proteolytischer Enzyme noch sehr wenig entwickelt waren und daß Experimente dieser Art mit großen Unsicherheiten behaftet waren. War es Wunschdenken oder Autosuggestion bei den vielen Untersuchern, die positive Ergebnisse publizierten? Oder steckte doch irgendetwas dahinter – etwa die Bildung von Antikörpern, also Immunglobulinen, die gegen das parenteral zugeführte Eiweiß gerichtet waren und deren Wechselwirkung mit dem Substrat so eine leichtere Spaltbarkeit provozierte? Traten im Serum Veränderungen im Antitrypsingehalt auf oder waren durch Gewebszerfall lysosomale Proteinasen ins Serum gelangt? Am schwersten verständlich ist das Auftreten der Abwehrfermente im Harn, das der kritischen Nachprüfung wohl auch nicht standgehalten hat.

Wahrscheinlich wird man die ganze Literatur über Abwehrfermente, soweit sie über positive Ergebnisse berichtet, in die Rubrik „unwissentlich fehlerhafte Ablesung" einzuordnen haben, also als eine Art Autosuggestion. Anders ist wohl kaum zu erklären, daß trotz aller Fortschritte in der Biochemie entsprechende Phänomene nicht wieder beobachtet wurden.

Betrug in der Wissenschaft

Eigentlich sollte Betrug in der Wissenschaft nicht vorkommen, genau wie er im täglichen Leben nicht vorkommen sollte. Wir wissen aber alle, daß er im täglichen Leben vorkommt, daß Menschen gelegentlich zu Betrügern werden können, und da auch Wissenschaftler Menschen sind, kommt auch in der Wissenschaft der Betrug vor.

Beginnen wir mit dem Selbstbetrug. Die oben genannte Beobachtung der N-Strahlen durch Blondlot und seine Nachfolger gehören wohl in diese Kategorie. Die Gefahr des Selbstbetrugs ist immer dann gegeben, wenn eine visuelle Beobachtung für die Bewertung der Daten entscheidend ist. Man kann ein Meßinstrument etwas schräg angucken, man kann wie im Fall der N-Strahlen die Helligkeit eines Funkens etwas anders beurteilen, wenn man weiß, oder zu wissen meint, was bei dem Experiment herauskommt. Wissenschaftler, die auf diese Weise hereinfallen, sind eigentlich zu bedauern. Sie haben keine bewußte Fälschung begangen, aber dennoch der Wissenschaft oder der wissenschaftlichen Wahrheit einen schlechten Dienst erwiesen.

Schlechthin zu bedauern sind diejenigen Wissenschaftler, die von ihren technischen Mitarbeitern betrogen werden. Der Fall ist besonders häufig in der medizinischen Forschung. Das hängt damit zusammen, daß der forschende Mediziner, jedenfalls der Kliniker, für seine Forschung verhältnismäßig wenig Zeit hat, daß er also nicht dauernd im Labor stehen kann und dafür seiner technischen Assistentin Anweisungen gibt. Meistens handelt es sich darum, mit einer bestimmten Methode, mit der die Assistentin vertraut ist, eine bestimmte Versuchsreihe durchzuführen, etwa im Tierversuch eine Kontrollserie mit einer Serie zu vergleichen, bei der ein bestimmtes Medikament verabreicht wurde. Die technische Assistentin weiß natürlich, welches Ergebnis ihr Chef erwartet, und wenn sie ihn anhimmelt, dann mag sie es mit der Wahrheit nicht so genau nehmen und die Ergebnisse produzieren, die erwartet werden. Dazu bedarf es ja häufig auch nur einer kleinen Korrektur der Daten.

Der Wissenschaftler wird sich dann über die schönen Ergebnisse freuen und sie im nächsten erreichbaren Heft einer wissenschaftlichen Zeitschrift veröffentlichen. Damit ist der wissenschaftliche Irrtum geboren, und ob er sich fortsetzt in einer ganzen Veröffentlichungsreihe, hängt von allerlei Äußerlichkeiten ab.

Es kann sein, daß es bei der einen unkorrekten und wissenschaftlich wertlosen Auswertung der Substanz X in einem bestimmten Experiment bleibt. Es kann auch sein, daß sich aus dem „gelungenen Versuch" und den ersten beiden Veröffentlichungen dazu eine ganze Serie von weiteren Experimenten und im schlimmsten Fall eine wissenschaftliche Theorie entwickelt, die dann auch noch von anderen geglaubt und mit weiteren Scheinexperimenten belegt wird. So könnte es auch im Fall der Abwehrfermente gewesen sein.

Es gibt auch Fälle von bewußtem, gewolltem Betrug. Manchmal beginnen sie mit einer Beobachtung, die im Kern richtig ist. In weiterer Verfolgung der daraus entwickelten Arbeitshypothesen kommt es irgendwann zu einem experimentellen Irrtum, der mit großem Pomp veröffentlicht und auch entsprechend interpretiert wird. Dann merkt der Autor irgendwann, daß er sich geirrt hat. Wenn er redlich ist, wird er den Irrtum eingestehen und seine Ergebnisse widerrufen. Wenn er dazu nicht den Mut hat, muß er zu Fälschungen greifen, die manchmal einen erheblichen Umfang annehmen können. Ein Beispiel hierfür ist die angebliche Isolierung der pflanzlichen Wachstumsfaktoren Auxin a und Auxin b durch Kögl und Erxleben [12].

Die grundlegenden pflanzenphysiologischen Untersuchungen über Wachstumsfaktoren stammen vom Utrechter Pflanzenphysiologen A.F.C.Went [13]. Sie waren Anfang der 30er Jahre so weit gediehen, daß man an die chemische Bearbeitung des Problems denken konnte. Fritz Kögl, 1931 frisch nach Utrecht auf den Lehrstuhl für organische Chemie berufen und bekannt durch seine naturstoffchemischen Arbeiten, glaubte hier ein interessantes Problem zu sehen und begann mit der Isolierung des Wachstumsfaktors, später „Auxin" genannt. Wie auch bei tierischen Hormonen, diente zur Verfolgung der Anreicherung ein biologischer Test. Unter zahlreichen verschiedenen Ausgangsmaterialien (frische Pflanzen, Maiskeimöl, auch tierisches Material) erwies sich menschlicher Harn schließlich als sehr geeignet, da er verhältnismäßig reich an biologischer Aktivität war. Offenbar wurde das pflanzliche Hormon mit der Nahrung aufgenommen und zumindest zum Teil unverändert wieder ausgeschieden.

Nach langwierigen chemischen Reinigungsoperationen und einer mehrtausendfachen Anreicherung wurde von Fritz Kögl und Hanni Erxleben, seiner wissenschaftlichen Mitarbeiterin, schließlich ein Kristallisat erhalten, für welches in einer ersten Analyse die Summenformel $C_{18}H_{32}O_5$ ermittelt wurde. Es galt nun, die chemische Struktur dieser Verbindung, von der nur wenige Milligramm zu isolieren waren, aufzuklären. Um mehr Material zu haben, wurden die Extraktionen von Harn und die Reinigung der aktiven Fraktionen fortgesetzt. Im Laufe dieser Untersuchungen fand man eine bestimmte Person, die erstaunliche Mengen an Auxin-Aktivität ausschied. Bei der Analyse dieser Harnextrakte stellte es sich dann allerdings heraus, daß es sich hierbei um eine andere Verbindung handeln mußte: Sie war stickstoffhaltig und wurde Heteroauxin genannt. Die chemische Analyse ergab, daß es sich um eine chemisch relativ einfache Verbindung, nämlich Indol-3-essigsäure, handelte.

Jeder, der heute Biologie studiert, weiß, daß Indolessigsäure das pflanzliche Auxin ist. Von der Verbindung, die von Kögl und Erxleben ursprünglich isoliert wurde, spricht keiner mehr. Dennoch hat Frau Erxleben in angeblich mühsamen Untersuchungen die chemische Struktur dieser Verbindung aufgeklärt: Das Kernstück war ein Cyclopenten-Ring mit einer Seitenkette von 5 Kohlenstoffatomen, die die Carboxylgruppe und 3 Hydroxylgruppen trugen. Ferner waren zwei Isobutylgruppen vorhanden (Abb. 2).

Die Arbeiten von Erxleben zur Strukturermittlung, bei der chemische Daten, Analysen usw. mitpubliziert wurden, sind sämtlich erfunden. Dennoch kann ich mir vorstellen, wie Frau Erxleben, die als ungewöhnlich geschickte Experimentatorin galt, zu diesem Betrug gekommen sein mag. Wahrscheinlich hing es damit zusammen, daß die ursprüngliche Isolierung des kristallisierten

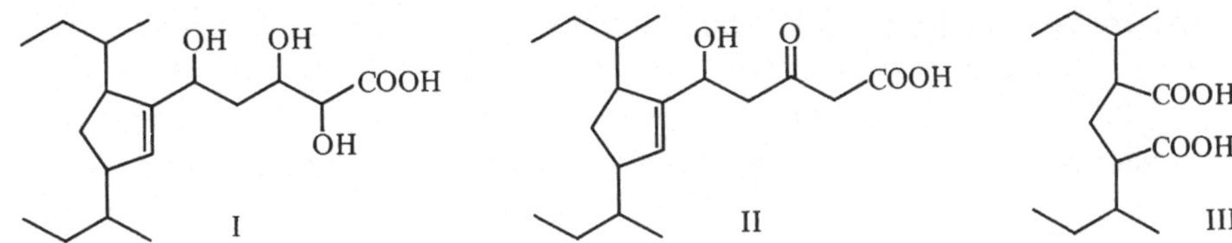

Abb. 2. Strukturformeln angeblicher pflanzlicher Auxine nach Kögl und Erxleben. Struktur I zeigt Auxin a, Struktur II Auxin b, Struktur III das Abbauprodukt „Auxin-Glutarsäure". Alle Formen sind erfunden, die noch überlieferten Präparate sind ganz andere Verbindungen.

Auxins a, das im biologischen Test so hoch aktiv war, sich nicht mehr reproduzieren ließ. Da aber Fritz Kögl die Reindarstellung und Kristallisation bereits veröffentlicht hatte und da er ein sehr strenger Chef war, wagte es Frau Erxleben nicht, ihm vom Fehlschlag der erneuten Isolierung der aktiven Substanz zu berichten, und sie erfand stattdessen alle folgenden Experimente und Ergebnisse.

Diese Deutung würde sich auch decken mit dem, was wir über die Natur isolierter Verbindungen heute wissen. Fritz Kögl hat kurz vor seinem Tod im Jahr 1959 die chemischen Originalpräparate von Auxin und einigen Umwandlungsprodukten seinen Nachfolgern übergeben mit der Bitte, in späterer Zeit, wenn die Methoden zur Identifizierung von chemischen Substanzen weiter fortgeschritten sein würden, diese Substanzen nochmals zu untersuchen. Das geschah denn auch, und die Ergebnisse wurden 1966 veröffentlicht [14]. Es stellte sich heraus, daß in dem Röhrchen, welches Auxin a enthalten sollte, eine etwas verunreinigte Cholsäure war. Cholsäure ist eine Gallensäure, die seit Mitte des vorigen Jahrhunderts bekannt ist und die auch stets in kleinen Mengen im Harn vorkommt. Es handelt sich um eine Trihydroxycarbonsäure der Summenformel $C_{24}H_{40}O_5$, die in ihren chemischen Eigenschaften schon einige Ähnlichkeit mit denen zeigt, die von Auxin a beschrieben waren.

Wir können also vermuten, daß das erste Kristallisat eine unreine Cholsäure war, der noch etwas von dem echten Wirkstoff, nämlich der Indolessigsäure, anhaftete. Auf diese Weise waren die Kristalle, eben weil verunreinigt, im biologischen Test hoch aktiv. Als man später noch mehr von diesen Kristallen machen wollte, hat man wohl noch weiter gereinigt, die Aktivität ging verloren, und damit war das Dilemma vollkommen. Sollte man nun die alten Ergebnisse widerrufen?

Zu Beginn der Forschung, etwa 1934 oder 1935, wäre ein solcher Widerruf ganz leicht möglich gewesen, ohne daß die Autorität von Kögl oder von Erxleben gelitten hätte. Schließlich war das sogenannte Heteroauxin ja auch im Laboratorium von Kögl isoliert worden. Ein solches Vorgehen wäre nicht nur ehrlich gewesen, sondern hätte Nachuntersuchern viel Arbeit erspart. Indessen hatte Frau Erxleben schon weitere Fälschungen im Zuge der sogenannten

Strukturermittlung begangen. Die Verbindung, die sie als Auxin-Glutarsäure bezeichnete, hatte sie angeblich identifiziert und ihre Struktur durch die Synthese des Razemats bestätigt. Das Präparat, das gleichfalls erhalten ist, erwies sich allerdings als Phthalsäure, eine ganz simple Verbindung, die in vielen organisch-chemischen Laboratorien vorhanden ist. Eine Probe vom sogenannten Auxin b erwies sich als das Ketonreagenz Thiosemicarbazid, welches gleichfalls in keinem organisch-chemischen Laboratorium fehlen dürfte.

Es fehlte natürlich nicht an Versuchen in anderen Laboratorien, die Experimente von Kögl zu wiederholen. Zu wichtig war es, in den Besitz der gewünschten Substanz, nämlich des natürlichen Auxins, zu gelangen. Besonders in den USA im Arbeitskreis von Thimann hatte man sich bemüht, die Arbeiten zu reproduzieren, und mehrere Doktoranden arbeiteten sehr lange, ohne irgendwelche Ergebnisse zu bekommen.

Trotz der Zweifel, die von außen an ihn herangetragen wurden, hat Kögl wohl bis zuletzt an die Existenz der Auxine geglaubt, wenn er wohl auch von der Formel, die Hanni Erxleben ermittelt hatte, mittlerweile abrückte. Er konnte sich aber nie zu einer klaren Stellungnahme entschließen. Bei der Isolierung des Heteroauxins hatte er noch mit sehr kräftigen Worten darauf beharrt, daß es sich um eine andere Verbindung als Auxin a handeln müsse:

„Heteroauxin findet sich auch in Hefe und anderen niederen Organismen. Daß in den Gräserspitzen nicht dieses Indol-Derivat, sondern Auxin a vorkommt, konnte mit einer an Sicherheit grenzender Wahrscheinlichkeit nachgewiesen werden. Es war ein seltsam glücklicher Umstand, daß uns bei der Aufarbeitung von Harn nicht β-Indol-essigsäure, sondern Auxin a zuerst in die Hände fiel; der Weg zu seiner Entdeckung wäre sonst auf unabsehbare Zeit verschüttet gewesen – man hätte ja kaum mehr einen Anlaß gehabt, nach ihm zu fahnden ..." [15].

Ich habe diese Fälschungsgeschichte hier etwas ausführlicher erzählt, weil wir durch nachträgliche Analyse der Originalpräparate in der Lage sind, die Fälschungen zu beweisen und zu zeigen, daß die Behauptungen von H. Erxleben tatsächlich aus der Luft gegriffen sind. Nicht in allen Fällen läßt sich das so klar darlegen.

Es blieb nicht die einzige Serie von Experimenten, die Frau Erxleben fälschte. Eine weitere ist die „Entdeckung", daß in den Hydrolysaten von Eiweiß aus Tumorgeweben D-Aminosäuren vorkommen, vor allem D-Glutaminsäure. Diese Befunde wurden schon wenige Jahre nach der „Auxin-Story" publiziert: 1939/40 erschienen in einer angesehenen deutschen wissenschaftlichen Zeitschrift eine Reihe von Arbeiten [16], in denen über diese Befunde berichtet wurde. Kögl glaubte damit das Krebsproblem im Prinzip gelöst:

„Wir glauben, diese (Ursache) bei der allem Wachstum zugrundeliegenden enzymatischen Eiweißsynthese gefunden zu haben, und zwar handelt es sich darum, daß die Krebszelle die Fähigkeit verloren hat, in ihr Struktureiweiß wie die normale Zelle ausschließlich die „natürlichen" Aminosäuren einzubauen.

Wir kommen damit zu den Erscheinungen des autonomen Wachstums, die ja der Ausgangspunkt unserer Arbeit waren. Oben wurde bereits dargelegt, daß die normalen

Zellen nicht über die proteolytischen Enzyme verfügen werden, die dem Vordringen der Geschwulstzellen Einhalt gebieten könnten. Damit sind die Voraussetzungen für das infiltrierende und destruierende Wachstum gegeben."

Die hier von Kögl vorgelegte Theorie über die Ursache des bösartigen Wachstums der Tumorzellen war natürlich aufregend, und so haben sich sehr bald weitere Untersucher mit diesem Problem beschäftigt. Die meisten konnten die Ergebnisse von Kögl nicht bestätigen. Man fragte dann das Köglsche Laboratorium um Rat, und Frau Erxleben kam hilfsbereit herbeigeeilt, um die Technik der Isolierung der kristallisierten Glutaminsäure zu erläutern. Und siehe da: Jetzt auf einmal war die kristallisierte Glutaminsäure teilweise razemisch. Frau Erxleben hatte wohl immer ein Röhrchen mit der reinen D-Form dabei, um das Präparat entsprechend anzureichern. Wir können das jedenfalls daraus schließen, daß die Farbwerke Elberfeld auf Bitte von Kögl ein Kilogramm (!) reine D-Glutaminsäure hergestellt und für die Köglschen Arbeiten als Vergleichssubstanz (!) zur Verfügung gestellt haben.

Eine Geschichte aus jüngster Zeit ist die angebliche Kaskade von Proteinkinasen, die bei der Regulation der Na-K-ATPase in der Zellmembran eine Rolle spielen sollte. Hier war es ein junger Doktorand, Marc Spector, der zum aufsteigenden Stern am Himmel der Biochemie erhoben wurde – solange man ihm glaubte. Er arbeitete im Laboratorium von Ephraim Racker und glaubte, mit seiner „Identifizierung" dieser Enzyme eine Erklärung für die aerobe Glykolyse der Krebszellen gefunden zu haben. Ephraim Racker veröffentlichte diese Ergebnisse in einem großen Aufsatz unter dem Titel „Warburg revisited". Es stellte sich später heraus, daß praktisch alle Ergebnisse von Marc Spector frei erfunden waren. Sie waren ingeniös erfunden, sonst hätten ihm seine Erfindungen nicht so viel Ehre eingebracht. Sie waren aber bewußt geschwindelt, und die Aufdeckung des Schwindels ist von Broad und Wade [17] ausführlich beschrieben. In dem erwähnten Buch sind noch weitere Betrügereien dieser Art zusammengestellt, die sich hauptsächlich auf die USA und den Zeitraum zwischen 1960 und 1980 beziehen; es lassen sich aber auch Beispiele aus früherer Zeit anfügen. Die weitgehenden Schlußfolgerungen, die Broad und Wade daraus über die mangelhafte Moral der Wissenschaftler im allgemeinen ziehen, kann ich nicht nachvollziehen. Sicher, die Wissenschaftler sind nicht durchweg bessere Menschen als andere. Sie sind aber auch nicht so viel schlechter. Wir wissen doch, wie skrupellos im Bereich der Wirtschaftskriminalität Betrug geübt wird. Im Vergleich damit haben die Wissenschaftler immer noch eine recht saubere Weste.

Literatur

1. Haken H (1981) Naturwissenschaften 68: 293
2. Kühn A (1948) Biologie der Romantik. In: Romantik, Ein Zyklus Tübinger Vorlesungen. Wunderlich, Tübingen Stuttgart

3. Markl H (1985) Lorenz Oken. In: Verhandlungen der Gesellschaft Deutscher Naturforscher und Ärzte, 113.Versammlung, Nürnberg 1984, S 17 f. Wissenschaftliche Verlagsgesellschaft, Stuttgart
4. Graham Th (1911) Drei Abhandlungen über Dialyse. Ostwalds Klassiker der exakten Naturwissenschaften, Nr 179
5. Olby J (1970) J Chem Educ März 1970, p 168
6. Pedersen KO (1976) Biophysical Chemistry 5: 3
7. Planck M (1958) Wissenschaftliche Selbstbiographie. In: Physikalische Abhandlungen und Vorträge, Bd 3, S 389. Braunschweig
8. Heisenberg W (1973) Schritte über Grenzen, S 87 ff. Piper, München
9. Heisenberg W (1969) Der Teil und das Ganze. Gespräche im Umkreis der Atomphysik, S 66 f. Piper, München
10. Abderhalden E (1944) Abwehrfermente. Steinkopf, Dresden Leipzig; Abderhalden R, Die Abwehrproteinasen. Ergebnisse der Enzymforschung XI, S 1–66
11. Mall G, Bersin Th (1941) Hoppe-Seyler's Z Physiol Chem 268: 129
12. Karlson P (1982) Ectohormones and Phytohormones. Trends Biochem Sci 1982: 382–383
13. Went AFC (1933) Naturwissenschaften 21: 1
14. Vliegenthart JA, Vliegenthart JFG (1966) Rec Trav Chim Pays-Bas 85: 1266
15. Kögl F (1937) Chemikerzeitung S 25
16. Kögl F, Erxleben H (1939) Hoppe-Selyer's Z Physiol Chem 258: 57; Herken H, Erxleben H (1940) Hoppe-Seyler's Z Physiol Chem 264: 240
17. Broad W, Wade N (1984) Betrug und Täuschung in der Wissenschaft. Birkhäuser, Basel

Die Macht der Fälschung

HORST FUHRMANN
Universität Regensburg

In Stuttgart gab es bis vor kurzem einen Laden mit militärischen Antiquitäten, vornehmlich aus der Zeit des Nationalsozialismus. Sein Inhaber, Konrad Kujau, saß zeitweise in einem Hinterzimmer dieses Ladens, informierte sich hauptsächlich anhand eines einzigen Buches über die persönlichen Daten Adolf Hitlers und erfand ein Tagebuch des „Führers", das er mit schwungvoll imitierter Schrift in die Welt setzte und das zunächst von Journalisten, die gern (wie die Ärzte den hippokratischen Eid) ihre Sorgfaltspflicht herausstellen, und von ausgewiesenen Historikern, Kennern der Zeit und der Szene, als echt angesehen wurde. Neun Millionen Deutsche Mark sollen bei dieser Sternstunde eines Quellenfundes durch eine Hamburger Illustrierte aufgewandt worden sein.

Man tue den Vorfall nicht als Burleske ab; das Satyrspiel hat eine durchaus ernste Seite. Im Prozeß gegen Kujau und Konsorten ist auf das Verhalten der Betrogenen hingewiesen worden, den Betrug mit geradezu auslösender Billigung hingenommen zu haben; der Vorgang sei nur möglich gewesen „wegen des erheblichen Mitverschuldens der Betrogenen", und der Schreibkünstler Kujau führte sich geradezu wie ein Vertragspartner auf: Er werde dem geschädigten Verlag keinen Pfennig zurückzahlen, denn er habe „gute Arbeit geleistet".

Der Fall steht nicht allein. In Italien geschah mit Mussolini-Texten ähnliches. Offenbar besteht bei Betrogenen zuweilen eine von einem gewissen Wunschdenken beeinflußte Bereitschaft, die Falsifikate als echt anzusehen: Dem Willen des Betrügers entspricht eine Disponiertheit des Betrogenen, und im Munde eines Konrad Kujau wäre das geflügelte Wort, das spätestens seit dem 16. Jahrhundert umlief, so unpassend nicht: Mundus vult decipi, ergo decipiatur. Die Welt will betrogen werden, also mag sie betrogen werden.

Mittelalter – Zeit der Fälschungen

Für den Mediävisten ist die Betrugsaffäre um die Hitler-Tagebücher ebenso tröstlich wie belehrend. Da nennt man das europäische Mittelalter eine „Zeit der Fälschungen", beobachtet das weitreichende Fehlen eines kritischen Sinns in jener Epoche, behauptet sogar deren Rückstand sittlichen Gefühls, und in unserer aufgeklärten und moralisch so gefestigten Zeit kann ein teilweise durchaus erfolgreicher Betrugsversuch unternommen werden, der sich im Vergleich zu manchen Fälschungen des Mittelalters geradezu primitiv ausnimmt; unser zeitgenössischer Tagebuch-Fälscher bekannte denn auch erstaunt, er könne immer noch nicht recht glauben, daß es so leicht gewesen sei, die Leute zu täuschen. Immerhin: Der Betrug unserer Tage ist aufgeflogen, die Strafverfolgungsbehörde hat den Fall aufgegriffen, und die Verwendung dieser Materialien als einer historischen Quelle verbietet sich von selbst. Ist das der ganze Abstand zum Mittelalter, zu dessen Merkmal die zahlreichen Fälschungen und ihre Wirksamkeit gehören, als Kritik und Unechtheitsnachweis selten aufkamen und nicht unbedingt etwas verschlugen?

Europäisches Mittelalter: das heißt Konstantinische Schenkung und „der Heilige Rock zu Trier samt den 20 anderen heiligen ungenähten Röcken", heißt Himmels- und Teufelsbriefe, heißt mehrere Wagenladungen Katakombenknochen als apotropäische Märtyrergebeine im römischen Pantheon und so viele Partikel vom Kreuze Christi, daß man rund ein Dutzend Schächerbalken daraus zusammensetzen könnte. Da findet sich ein Papst – Kalixt II., der Papst des Wormser Konkordats von 1122 –, der sich als veritabler Fälscher nachweisen läßt, und von den auf uns gekommenen 270 Urkunden Karls des Großen sind rund 100 unecht. Legenden und Wundererzählungen wuchern, wie die phantasievollen Geschichten des Christophorus und der heiligen Barbara, deren beider Namen kürzlich aus dem römischen Generalkalender gestrichen worden sind.

Ich breche ab, um festzustellen: In keinem Zeitalter der europäischen Geschichte dürften Fälschungen eine größere Rolle gespielt haben als im Mittelalter. Wir Mittelalter-Historiker – so beschreibt, ein wenig übertreibend, Robert Lopez unser heuristisches Geschäft – verhalten uns gegenüber mittelalterlichen Dokumenten anders als ein Richter gegenüber einem Angeklagten: „We regard them guilty until proved innocent" – wir halten sie für falsch, bis die Echtheit bewiesen ist.

Echtes und Falsches und wie man es zu bestimmen trachtete

Es sei offengelassen, ob der Fälschungsbefund ein spezifisches Merkmal des europäischen Mittelalters darstellt oder „einem Mittelalter" schlechthin eignet. Ich lasse auch die Differenzierung beiseite, zu welchen Zeiten in der Geschichte Europas Fälscherkunst und Fälschereifer in besonders hoher Blüte gestanden haben, ob vielleicht im 9. Jahrhundert, das Wilhelm Levison vorschlug, oder ob der ganze Zeitraum vom 8. bis zum 12. Jahrhundert die günstigsten Voraussetzungen für die „Massenepidemie" der Fälscherei bot, wie Marc Bloch meinte. Es geht um die für das ganze Mittelalter geltende Frage, welche Disposition an Geist und Gesinnung bestand, um dieses Phänomen hervorzubringen. Ich übergehe das hauptsächlich vom positivistischen Hochgefühl des vorigen Jahrhunderts getragene Verdikt, ein intellektuelles Defizit und die Strenge inquisitorischer Behörden hätten Kritik im Mittelalter kaum aufkommen lassen, und verzichte darauf, die Behauptung zu prüfen, daß Sitte und Moral auf unsere Zeit zu Fortschritte gemacht hätten. Ich halte es mit dem pessimistischen Urteil Jacob Burckhardts, daß weder Gehirn noch Seele der Menschen in historischen Zeiten zugenommen haben. Unser Ziel sollte es sein, die Relation zwischen Fälschung und Kritik, zwischen Betrug und Hinnahme von Betrug zu prüfen, denn jeder Betrug benötigt zum Aufkommen und zur Wirksamkeit ein entsprechendes Umfeld.

Vielleicht sollte ich versichern, daß der Betrug und der Wille zur Abwehr des Betrugs zu den Gegebenheiten jeder menschlichen Gemeinschaft gehört, aber bereits die Art, wie solchen Versuchen zuweilen begegnet wurde, unterscheidet das Mittelalter von uns. Wenn Kaiser Otto I. 967 ein Edikt erläßt, über die Echtheit einer Urkunde solle im Falle des Zweifels ein Zweikampf entscheiden, so scheint der Boden rationaler Argumentation verlassen zu sein: Man vertraut sich Gott in dem festen Glauben an, daß er die gerechte Sache siegen lasse. Immer wieder wird Augustins Wort zitiert, daß „Gott die Quelle der Gerechtigkeit" sei. Die Gerechtigkeit Gottes bevorzugt nicht einmal den Rechtgläubigen, ist wirklich unparteiisch. Wipo berichtet zu Beginn des 11. Jahrhunderts von einem zur Klärung der Rechtslage anberaumten gerichtlichen Zweikampf: Der auf sein gutes Recht vertrauende heidnische slawische Kämpfer überwindet den auf seinen Glauben bauenden christlichen Ritter, und Wipo kommentiert die für ihn offenbar wunderliche Situation: Der Christ habe eben nicht sorgfältig beachtet, „daß Gott, der die Wahrheit ist, alles in einem wahren Urteil ordnet". Hier wird zur Abwehr der Fälschung nicht der Intellekt bemüht, sondern Gottes ordnende Kraft.

Aber auch umgekehrt verläßt sich der aktive Fälscher, so er sich als Vertreter einer vor Gott gerechten Sache empfindet, auf dessen Billigung. Mit dubiosen Privilegien war zu Beginn des 13. Jahrhunderts Thomas von Evesham aus England – in damaliger Zeit ein Fälschereldorado – zu Papst Innozenz III. nach Rom gereist, zu dem Papst, der durch Verordnungen die Urkundenkritik wecken und in geregelte Bahnen lenken wollte. Thomas beschreibt seine Angst, als Papst Innozenz und die im Rund versammelten Kardinäle zur Prüfung der fest eingelegten Schnur an Urkunde und Siegel zerrten. Ein Wunder der Gottesmutter findet er es, daß diese Urkunden Bestand gehabt hätten.

Wenn schon ein Fälscher, der den persönlichen Vorteil im Auge hatte, sich mit Gottes Gerechtigkeit in Übereinkunft dünkte, um wieviel mehr jener Täter, der seine Kunst zu gemeinnützigem und gottgefälligem Tun einsetzte: der Verfasser einer Rechtssammlung, der seine Texte auf den richtigen Sinn, wie er ihn verstand, trimmte; der Gestalter einer Abendmahlslehre, von der er annahm, daß sie in urkirchlichen Zeiten bestanden habe und für die er entsprechende Belege schuf; der Erfinder eines Himmelsbriefes, der die Sonntagshei-

ligung anwies. Die überirdische Welt ist in die Ausgestaltung einbezogen, die
Heiligenlegenden mit ihren Mirakeln, die Jenseitsvisionen mit ihren Berichten
von furchtbaren Strafen der Sünder; die Reliquienhändler mit ihren heilenden
und heilswirksamen Gegenständen. Daß auch hier häufig handfestes irdisches
Vorteilsdenken im Spiele war, ist fraglos richtig. Karl der Große wußte um die
irdische Raffgier seiner Geistlichkeit und richtete 813, kurz vor seinem Tode, an
die Reichskirche die Anfrage, ob Geistliche immer noch Meineide und falsche
Zeugnisse veranlaßten, um Besitz an sich zu ziehen, und ob mit Reliquien wei-
terhin Geschäfte gemacht würden.

In dieser Welt nach einer formalen, sozusagen wissenschaftlichen Kritik in
unserem Sinne zu suchen, verfehlt das Selbstverständnis jener Zeit, aber Kritik,
die den gesunden Menschenverstand spielen läßt, hat es selbstverständlich
gegeben.

Falsche Dekretalen wurden am inneren Widerspruch erkannt. Daß der
Petrusnachfolger Papst Clemens I. nicht an den Herrenbruder Jakobus
geschrieben haben konnte, wenn Jakobus vor Petrus gestorben war, haben
reihenweise mittelalterliche Benutzer dieser Briefe festgestellt. Aber es ist auffällig, wie wenig ein formaler kritischer Einwand verfolgt und zu einem den
Rechtsinhalt berührenden Beweis ausgebaut wird. Dementsprechend sind
Fälschungen, die sich in die Vorstellungswelt stimmig und nahtlos einfügen,
trotz ihres apokryphen Charakters respektiert worden. Hochmittelalterliche
Juristen erklärten, dieses und jenes Kapitel sei zwar von manchen Vätern für
apokryph gehalten worden, „in neuer Zeit aber, da sie von allen aufgenommen
würden, erachtet man sie von höchster Autorität". Das zentrale kirchliche
Rechtsbuch des Hochmittelalters, das Dekret Gratians, dürfte 10 bis 15 Prozent Fälschungen enthalten, ohne daß dieses Material etwas an Wirkung ein-
büßte.

Gläubige Kritik und kritischer Glaube

Als im Spätmittelalter mit dem Humanismus ein geschärfter philologischer,
aber auch theologischer Sinn sich an die Überprüfung der Textüberlieferungen
machte, wurde man auf mancherlei Unstimmigkeiten aufmerksam und notierte
sie als Fälschungen. Lorenzo Valla (gestorben 1457) erwies mit hauptsächlich
sprachlichen Argumenten die Konstantinische Schenkung als Fälschung;
etwas früher war Nikolaus von Kues (gestorben 1464) zum gleichen Ergebnis
gelangt und hatte zudem die Unechtheit einiger weit verbreiteter frühpäpstli-
cher Dekretalen aufgezeigt. Doch Nikolaus von Kues resümierte: „Selbst wenn
alle jene Schriften (als gefälscht) wegfallen sollten, so bleibt doch die heilige
römische Kirche der erste Sitz höchster Macht und Größe unter allen." Von
dieser Seite drohte der Kirche und dem Papsttum keine Gefahr, und die Autoren machten ihre Kirchenkarriere.

Höchst empfindlich aber reagierte die Amtskirche, als zum Beispiel die Anhänger Arnolds von Brescia im 12. Jahrhundert, die Waldenser und später die Hussiten die Konstantinische Schenkung ablehnten. Sie wurden als Ketzer angesehen und belangt, nicht weil sie formale, historisch-philologische Kritik an dem Dokument geübt hatten, sondern seinen Inhalt in Frage stellten und damit die ekklesiologischen und materiellen Grundlagen der Kirche bedrohten: Christus und die Apostel haben die Armut gepredigt, und der Herr soll eine vor Länderfülle berstende Kirche, wie die Konstantinische Schenkung sie dem Papsttum zugestand, gewünscht haben? Deshalb kann die Schenkung Kaiser Konstantins nur eine bösartige Erfindung, kann sie nur Fälschung sein – und sollte der Schenkungsakt tatsächlich stattgefunden haben, so war er nicht gültig. Bei all diesen Diskussionen ist die Frage der formalen Echtheit oder Unechtheit unerheblich.

Mit dieser Beobachtung sollten wir an das konfessionelle Zeitalter herantreten, an Reformation und Gegenreformation, als Fälschung auf Fälschung innerhalb des kirchlichen Traditionsgutes aufgedeckt wurde: Konstantinische Schenkung, pseudoisidorische Dekretalen, Silvesterlegende, Symmachianische Fälschungen. Es waren vor allem nichtkatholische Gelehrte, die hier ihre Triumphe feierten. Aber diesen in schwerer philologischer Rüstung einherschreitenden scheinbar unbestechlichen Humanisten und Theologen ging es nicht immer und nicht unbedingt darum, die Zeugnisse kritisch-neutral zu prüfen; ihnen lag mehr daran zu zeigen, daß eine als Glaubensgut ohnehin wertlose Überlieferung überdies noch durch Fälschungen verunstaltet sei. Ihre Kritik folgte weitgehend dem Glauben.

Dazu kam eine Art Domino-Effekt. Waren die ersten Fälschungen entdeckt und bewiesen, so waren die Augen geöffnet und bereit, weitere zu finden, und man fragte sich, warum dieser mit Händen zu greifende Sachverhalt nicht schon früher wahrgenommen worden sei. Vom Ende her wird die für das Mittelalter als typisch angesehene Haltung eher verständlich. Uns mag die Vorstellung schwerfallen, daß es eine Zeit gegeben hat, in der formale Echtheit so wenig galt, daß man geradezu von der Unfähigkeit zur Kritik gesprochen hat. Doch an der Nahtstelle zwischen Mittelalter und Neuzeit, zu Beginn der Glaubensspaltung und während der Konfessionsbildung, wird sichtbar, daß man erst dann das Formalindiz einer Fälschung hoch zu schätzen begann, als man sich innerlich der mittelalterlich-katholischen Welt entzogen hatte.

Aber dieser Emanzipation im Glauben folgte die Emanzipation aus dem Glauben, folgte die Aufklärung: der Versuch des Menschen, zu sich selbst zu finden und Schluß zu machen mit der Verunstaltung menschlicher Existenz durch nicht belegbare Glaubenslehren. Im Lichte der Aufklärungshistorie war die Menschheit auf dem Wege von einer barbarischen und abergläubischen *populace* (Pöbel) zu einer Gemeinschaft vernunftbestimmter Wesen. Nur in den Zeiten der Unvernunft hätten Fälschungen unerkannt und kirchliche Dogmen wirksam sein können. Mit dem Siege der Vernunft werde das nicht mehr möglich sein; deshalb „Ecrasez l'infâme", so unterschrieb Voltaire seine Briefe: Tilgt die Kirche und die Schande religiöser Unvernunft. Exakt beantwortete Pierre Simon Laplace die Frage nach Gott: „Ich benötige diese Hypothese nicht." Die Überzeugung von der vernunftmäßigen Durchschaubarkeit der Welt gab der Wissenschaft die großartige Perspektive, daß man, um Max Weber zu zitieren, „wenn man nur wolle, es jederzeit erfahren könne, daß es also prinzipiell keine geheimnisvollen und unberechenbaren Mächte gebe, die da hineinspielen, daß man vielmehr die Dinge – im Prinzip – durch Berechnen beherrschen könne. Das aber bedeutet: die Entzauberung der Welt."

Moderne „Entzauberung" und postmoderne „Wiederverzauberung"

Vielleicht gehört es zu den großen Irrtümern der Aufklärung und des sich als Emanzipation begreifenden wissenschaftlichen Fortschrittsglaubens, daß der Mensch frei würde, wenn er die Fesseln eines rational nicht faßbaren Glaubens abstreift, in die er frühere Generationen geschlagen sah. Schon immer gab es angesichts der Fortschrittseuphorie Bedenkende und Bedenkliche, aber in einer Zeit, da die mit der „Entzauberung der Welt" verbundene Dienstbarmachung der Natur den Fluch solcher Haltung deutlich werden läßt, mehren sich die Stimmen, die der Vernunft auf dem Wege zum Glück mißtrauen – ungeachtet der sehr suggestiven These Lucien Lévy-Bruhls, daß kraft Anlage auch im Denken des modernen aufgeklärten Menschen das logische Element neben Unlogischem (oder Prälogischem), Rationales neben Irrationalem steht.

Nicht zufällig wird gerade jetzt von philosophischer Seite „die Wahrheit des Mythos" (so der Titel eines Buches von K. Hübner, 1985) verkündet. Gemeint ist jener Wesenszug, der unsere Kultur und unser Bewußtsein im Gleichgewicht hält: das Bedürfnis nach und die Ehrfurcht vor dem Numinosen. Bis vor gar nicht langer Zeit war das Bewußtsein der säkularen Kultur von der Erwartung bestimmt, daß die von Max Weber beschriebene „Entzauberung der Welt" geradlinig fortschreiten würde zu einer immer höheren Stufe des Rationalismus, dessen Ende freilich im ungewissen bleibt. Allmählich jedoch greift die Überzeugung um sich, daß die mit der Modernisierung verbundene Sinnentleerung schwer tragbar ist. „Wiederverzauberung der Welt" nennt denn auch Morris Berman in Kontrapunkt zu Max Weber seinen Versuch, der psychischen Entfremdung zu begegnen, und setzt hinzu: „Am Ende des Newtonschen Zeitalters."

Diese und ähnliche Versuche sind Anzeichen für die Sehnsucht des modernen Menschen nach einer Orientierung des Lebens über die Angebote des Rationalismus hinaus. Die negativen Erfahrungen mit der sogenannten autonomen Vernunft und die Freisetzung der modernen Wissenschaft von moralischen Rücksichten haben ein Vakuum geschaffen, in das sich neue Heilslehren „in der Beliebigkeit privater Aneignung" (W. Pannenberg) festsetzen

26

konnten und können. So gesehen haben wir heute wieder viele „Mittelalter“; die Mun-Sekte, die Bhagwan-Anhänger, politische Ideologien und ökologische Doktrinen, auch sogenannte wissenschaftliche Überzeugungen. Erinnern wir uns an das boshaft-köstliche Wort Bernard Shaws, die weltdeutenden Theorien unserer Physiker und Astronomen und unsere Leichtgläubigkeit ihnen gegenüber würden „das Mittelalter in ein Aufbrüllen skeptischer Lustigkeit aufgelöst haben“. Jeder gläubige Mensch – und das im weitesten Sinne – hegt einen Bereich, in welchem er die rationale Beweisbarkeit nicht gelten läßt: Wer will Gott, ein Leben nach dem Tode oder gar die Trinität beweisen, die Thomas Mann „die wunderlichste dogmatische Zumutung“ genannt hat, die dem Glauben je gestellt worden sei?

Gespeist wird dies alles von der Sehnsucht nach einer existentiellen Wahrheit, unerreicht und unerreichbar von der zergliedernden und oft genug zersetzenden Vernunft, und wenn sogar der Mathematiker Douglas R. Hofstadter in seinem Bestseller „Gödel, Escher, Bach“ versichert: „Beweisbarkeit ist (selbst in der Mathematik) ein schwächerer Begriff als Wahrheit“, so erscheint das Mittelalter als rehabilitiert. ‚Mittelalter‘ ist nicht nur eine vergangene Epoche, es ist auch die heute noch gegenwärtige Überzeugung, die Wahrheit oder wenigstens den Fetzen einer Wahrheit zu besitzen, der alles andere, unbeschadet rationaler Erwägungen, unterzuordnen ist.

Lehrstück „Mittelalter“: die Wahrheit bestimmt das System

Konrad Kujau – mundus vult decipi. Ich möchte den lateinischen Spruch medial übersetzen: Die Welt will sich betrügen, will sich täuschen. Wir kennen solche Fälle, da sich ein ehrenwertes Mitglied der menschlichen Gesellschaft in einem Grade in eine zunächst gespielte Rolle hineinlebt, daß es die Fremdrolle total annimmt. So dürfte sich der antikisierende Petrus Diaconus von Montecassino im 12. Jahrhundert aufgeführt haben und in unserem Jahrhundert Sir Edmund Backhouse (1944 als gelehrter „Eremit von Peking“ gestorben), der zu Lebzeiten unerkannt eine aufsehenerregende chinesische Kaisergeschichte fälschte. Und wenn Konrad Kujau, wie er behauptet, „gute Arbeit“ geleistet hat, so ist er nahe an einer Selbstidentifizierung mit Adolf Hitler, der nur durch ein biographisches Mißgeschick bei Kujau nicht hat Nachhilfeunterricht nehmen können. Neben dem Individualschicksal steht das allgemeine. Ein Fall Kujau ist zugleich ein Gradmesser dessen, was der Gesellschaft zugemutet werden kann. Niemandem sind Kujaus Produkte aufgezwungen worden, und die sich haben täuschen lassen, waren teilweise bereit, sich täuschen zu lassen.

Ich habe eingangs den Kujau-Betrug und seine Behandlung tröstlich genannt, und der Trost besteht nicht zuletzt darin, daß gleichsam in einem freien Spiel der Kräfte die angeblichen Tagebücher geprüft und schließlich für

gefälscht erklärt werden konnten. Hier eben gibt es Unterschiede zwischen
den Zeiten und den Gesellschaften. Jedes geschlossene System, jede totali-
täre Gesellschaft prüft vor allem die inhaltlichen Differenzen zur amtlichen Lehr-
meinung, die formale und materielle Richtigkeit ist letztlich sekundär. Daß die
Konstantinische Schenkung wahrscheinlich im 8. Jahrhundert von römischen
Geistlichen gefälscht worden ist, interessierte den mittelalterlichen Inquisitor
nicht, und ebensowenig interessierten die dubiosen Beweise des Vererbungs-
biologen Trofim Lyssenko. Es gilt die Stimmigkeit im System: „Die Rettung der
Wissenschaft", so hat es der einst linien- und Lyssenko-treue Robert Have-
mann formuliert, „geschieht ... durch die systematische, planmäßige, klare,
konsequente Anwendung des dialektischen Materialismus auf (die) Wissenschaft." Wäre nicht eine Betrugseinheit zu erfinden: Ein „Kujau" ist diejenige
falsifikatorische Potenz, die hinzunehmen man nicht mehr bereit ist, wenn „gute
Arbeit" geleistet worden ist?

Das Gehirn als hormonbildendes Organ – Durchbruch und Irrwege der Konzepte*

ANDREAS OKSCHE
Justus-Liebig-Universität Gießen

In der vorliegenden Schriftenreihe finden sich meine systembezogenen Ausführungen zwischen zwei Beiträgen grundsätzlichen Charakters. An Hand eines konkreten Beispiels soll gezeigt werden, wie eng in einem wissenschaftlichen Neuland Lösung und Irrtum benachbart sein können. Für diese Analyse habe ich Entdeckungen und Konzepte gewählt, die nachhaltig Hirnforschung und Endokrinologie beeinflußt haben; auf dieser Grundlage entstand eine neue Disziplin – die Neuroendokrinologie.

Im Laufe der letzten Jahre ist die Hirnforschung zunehmend stärker in das öffentliche Interesse gerückt. Das Gehirn des Menschen enthält etwa 100 Milliarden Nervenzellen, die sich netzartig ausbreiten und über spezialisierte Kontaktstellen – Synapsen – in Verbindung stehen. An den Synapsen lösen besondere Überträgerstoffe (Transmitter) Prozesse an der Nervenzellmembran aus, die zur Erregungsbildung oder -hemmung führen. Die komplizierten neuralen Schaltwerke der Wirbeltiere lassen sich stammesgeschichtlich von den einfacheren Nervennetzen der Wirbellosen ableiten.

Neue Forschungsergebnisse haben eindrucksvoll bestätigt, daß die Signalübermittlung im Gehirn nicht nur über dieses komplexe Schaltwerk der Nervenzellen, sondern auch mit Hilfe besonderer chemischer Botenstoffe, die über weitere Wegstrecken wirken, erfolgen kann. Diese Stoffe – die Neurohormone – werden in das Blut oder andere strömende Körperflüssigkeiten abgegeben und in den Membranen der Zielzellen nach dem Schlüssel-Schloß-Prinzip erkannt. Das Gehirn der Wirbeltiere – und damit auch des Menschen – ist in einem viel höheren Maße als früher vermutet von solchen sekretorischen, stammesgeschichtlich sehr alten Nervenzellen durchsetzt. Diese Sachlage veranlaßte Guillemin (1977) zu der Frage, ob das Gehirn nicht als Ganzes den innersekretorischen Drüsen zuzurechnen sei. Diesem provokativen Ansatz soll jetzt im einzelnen nachgegangen werden [8].

1977 wurden die wissenschaftlichen Rivalen Guillemin und Schally mit dem Nobelpreis für die Aufklärung der chemischen Natur mehrerer Neurohormone ausgezeichnet. Diese von Nervenzellen gebildeten Stoffe, die den Charakter

---

* Frau Professor Dr.Dr. h.c. mult. Berta Scharrer, New York, zum 80.Geburtstag in Dankbarkeit und Verehrung gewidmet.

29

Vasopressin [9]

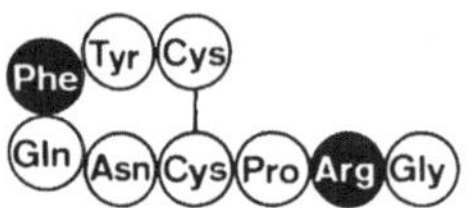

Oxytocin [9]

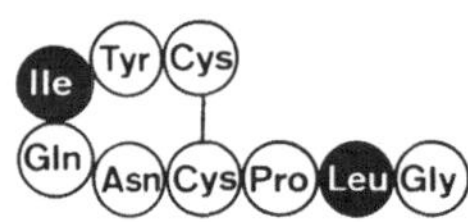

Substanz P [11]

TRH,
Thyroliberin, Protirelin [3]

LHRH,
Gonadoliberin, Gonadorelin [10]

Somatostatin [14]

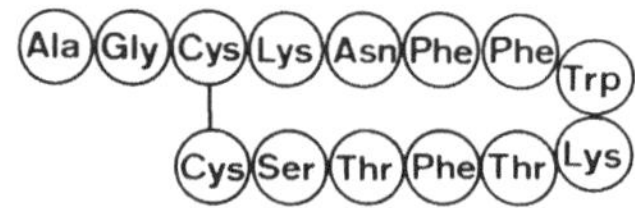

Abb. 1. Sequenzen einiger Neuropeptide. Beachte die kettenförmige bzw. ringförmig geschlossene Anordnung der einzelnen Aminosäuren (Zahl in Klammern). Schematisierte Darstellung in Anlehnung an L.L.Iversen (in: Gehirn und Nervensystem, S.29. Spektrum der Wissenschaft. Heidelberg 1983). – Aminosäuren: Ala *Alanin;* Arg *Arginin;* Asn *Asparagin;* Asp *Asparaginsäure;* Cys *Cystein;* Gln *Glutamin;* Glu *Glutaminsäure;* Gly *Glycin;* His *Histidin;* Ile *Isoleucin;* Leu *Leucin;* Lys *Lysin;* Met *Methionin;* Phe *Phenylalanin;* Pro *Prolin;* Ser *Serin;* Thr *Threonin;* Trp *Tryptophan;* Tyr *Tyrosin;* Val *Valin (aus [8]).*

von Peptiden haben, bestehen aus kurzen Aminosäurenketten (Abb. 1). Sie bewirken die hormonale Steuerung wichtiger Funktionen des Organismus, die der Erhaltung des Individuums oder der Art dienen. Zu diesen Funktionen gehören neben dem Wasserhaushalt die Kontrolle der Fortpflanzung, des Wachstums, der Streßreaktionen und der Schmerzleitung. Träger dieser Funktionen sind als sekretorische Elemente differenzierte Nervenzellen des Gehirns und des Rückenmarks. Zahlreiche Neuropeptide kommen außerdem im peripheren autonomen Nervensystem und in der epithelialen Auskleidung des Magen-Darm-Kanals vor. Dadurch wird das Problem noch viel komplexer.

Nervenzellen, die Peptidhormone bilden, finden sich in verschiedenen Teilen des Zentralnervensystems, treten aber gehäuft im Hypothalamus, einem stammesgeschichtlich alten Teil des Zwischenhirns, auf (Abb. 2). Solche Neurone sind mit dem Hypophysenhinterlappen direkt, mit dem Hypophysenvorderlappen jedoch über einen eingeschalteten Spezialkreislauf (vgl. Abb. 6) verbunden. Die sehr weite räumliche Ausdehnung des peptidergen Systems wurde erst im Laufe der letzten Jahre in vollem Umfang erkannt. Peptidwirkstoffe bildende Nervenzellen sind aber nur eine Teilkomponente des neuroen-

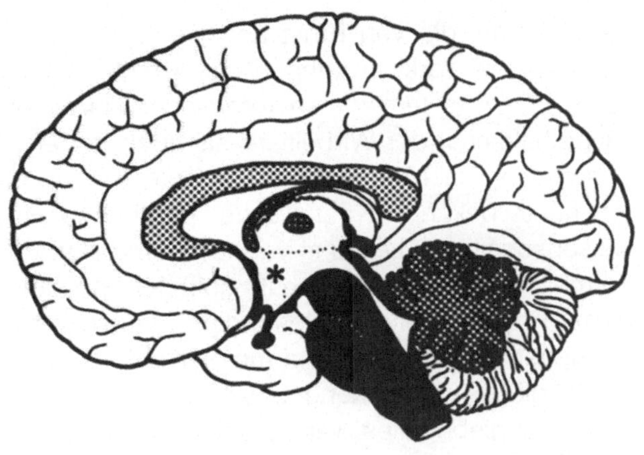

Abb.2. Medianschnitt durch das Gehirn (Mensch). Ansicht des in der Längsachse halbierten Gehirns von innen. ✳ Hypothalamus. Anatomische Einzelheiten s. Abb.3–6.

dokrinen Apparats des Gehirns. Sie sind sowohl räumlich als auch funktionell eng mit Elementen vergesellschaftet, deren Wirkstoffe zur Klasse der biogenen Amine gehören. Aminerge Nervenzellen kennt man vor allem als eine wesentliche Komponente des peripheren autonomen – sympathischen – Nervensystems. Ihre Bedeutung für die Übertragung chemischer Impulse wurde zuerst von dem Grazer Pharmakologen Loewi (1921) erkannt.

Vom Konzept der Neurosekretion zum Systembegriff der peptidergen Neurone

Am Anfang des weit verzweigten Gebietes der modernen Neuroendokrinologie steht die Erforschung des Phänomens der Neurosekretion am Beispiel von Nervenzellen, die wir heute als Bildner der Neuropeptide Vasopressin und Oxytocin kennen. Diese bahnbrechenden Erkenntnisse verdanken wir drei bedeutenden Forschern – Ernst Scharrer (1905–1965), Berta Scharrer (1906) und Wolfgang Bargmann (1906–1978).

Der erste Schritt in der Kette dieser Entwicklungen war die Entdeckung der neurosekretorischen Nervenzelle durch Ernst Scharrer (1928). Als Doktorand des späteren Nobelpreisträgers Karl von Frisch am Zoologischen Institut der Universität München beobachtete der erst 22jährige Scharrer im Hypothalamus von Fischen (Elritzen) eigenartige, mit tropfigem Material gefüllte Nervenzellen. Er deutete dieses Phänomen als Ausdruck einer inneren Sekretion, wofür auch die zahlreichen Blutgefäße des Gebietes und mancherlei Zusammenhänge mit der Hirnanhangdrüse (Hypophyse) zu sprechen schienen. Vereinzelte frühere Hinweise auf sekretionsähnliche Bilder in anderen Hirnteilen, z.B. Rückenmark der Fische (Speidel 1919), waren ohne funktionelle Deutungsversuche und experimentelle Ansätze geblieben. In weiteren vergleichen-

31

den Studien, die von Ernst und Berta Scharrer (München, Frankfurt; später Denver, New York) in kongenialer Arbeitsgemeinschaft durchgeführt wurden, ließ sich ein System von sekretorischen Nervenzellen sowohl im Zwischenhirn (Hypothalamus) der Wirbeltiere als auch in den Nervenknoten (Ganglien) der Wirbellosen nachweisen. Diese Elemente sind eine wichtige Teilkomponente der heute bekannten Familie der peptidergen Neurone. Die bahnbrechende wissenschaftliche Leistung von Ernst und Berta Scharrer liegt vor allem in der Formulierung eines noch heute gültigen Konzeptes. Bereits im Jahre 1937 war dieser Rahmen definiert. Besonders bemerkenswert ist die Tatsache, daß auch die neuen funktionellen und molekularbiologischen Erkenntnisse sich zwanglos in dieses Gedankengebäude einordnen lassen. Durch die Verwendung des Analogiebegriffes war es Scharrers möglich, grundsätzliche Fragen ohne scharfe Trennlinie bei Wirbeltieren und Wirbellosen zu bearbeiten. B. Scharrer hat in einem Erinnerungsbild die damaligen Ereignisse fesselnd dargestellt [10].

Ernst und Berta Scharrer erkannten schon früh die große biologische Tragweite ihrer Entdeckung. So zeigen im zentralen Nervenknoten („Gehirn") eines Regenwurms etwa 50% aller Nervenzellen eine sekretorische Aktivität; heute wissen wir, daß solche Zellen u. a. der Steuerung des Wasserhaushaltes (Erhaltung des Individuums) und der Fortpflanzung (Erhaltung der Art) dienen. Bei diesen niederen Tierformen ist der gesamte endokrine (hormonelle) Apparat ein integraler Teil des Zentralnervensystems – eine optimale Strategie für schnelle Reaktionen auf Umweltinformationen, die über Meßfühler an das nervöse Zentralorgan vermittelt werden. Das sekretorische Neuron verfügt zugleich über Merkmale von Drüsen- und Nervenzellen; es stellt ein übersetzendes Bindeglied zwischen dem Zentralnervensystem und dem endokrinen Apparat dar.

Das Konzept der Neurosekretion war so revolutionär, daß es auf Unverständnis, ja sogar auf heftige Ablehnung stieß. Die Nervenzelle wurde nach dem strengen klassischen Verständnis ausschließlich als ein erregungsbildendes und -leitendes Element angesehen. Die in mikroskopischen Präparaten sichtbaren Einschlüsse der Nervenzellen wurden vielfach als postmortale Kunstprodukte oder als Zeichen krankhafter Veränderungen gedeutet. Eine besonders ablehnende Haltung nahmen in den USA Ranson und seine mächtige Schule (Ingram, Magoun) ein, die auch andere Vorstellungen von der Steuerung der Hypophyse hatten (s. unten). Mit den histologischen Färbemethoden, die E. und B. Scharrer damals zur Verfügung standen, gelang es nicht, die Kontinuität der postulierten neurosekretorischen Bahn vom Hypothalamus bis zum Hypophysenhinterlappen zu sichern. Obwohl E. Scharrer einen Zusammenhang der Neurosekretion mit Funktionen des Wasserhaushaltes erwog, konzentrierte sich seine experimentelle Arbeit primär auf Fragen der Kontrolle des Hypophysenvorderlappens (z. B. Steuerung der Schilddrüse). Mit den damaligen Methoden konnte die Aufklärung dieser Zusammenhänge nicht gelingen, aus heute gut verständlichen technischen Gründen. Die für die Vorderlappenfunktionen zuständigen, auf den portalen Hypophysenkreislauf ausgerichteten neurosekretorischen Zellen ließen sich erst im Laufe des letzten Jahrzehnts mit immunzytochemischer Methodik darstellen.

Weitere fundamentale Entdeckungen verbinden sich mit dem Namen Wolfgang Bargmann, der 1949 – nach Anwendung einer neuen Färbemethode – den Beweis für die Verknüpfung der sekretorischen Nervenzellen mit dem Hinterlappen der Hypophyse führen konnte (Abb. 3a). Die Vorgänge, die zu dieser Entdeckung führten, hat Bargmann in einem Aufsatz geschildert [3]. In jener Zeit arbeitete der spätere Göttinger Internist Werner Creutzfeldt im Kieler Laboratorium Bargmanns über den Alloxan-Diabetes. Zur Darstellung der insulinproduzierenden B-Zellen verwendete er ein neues, in den USA von Gömöri (Gomori) entwickeltes Färbeverfahren – die Chromalaunhämatoxylin-Phloxin-Methode. Eines Tages wurden auch einige Hirnserien mit diesen Farbstoffen gefärbt. Beim Mikroskopieren der Präparate fiel Bargmann sofort die besondere Affinität dieses Verfahrens zu neurosekrethaltigen Strukturen auf. Das System kannte er gut, da er seit den gemeinsamen Jahren (bis 1935) an der Frankfurter Universität mit Ernst und Berta Scharrer befreundet war. Die Darstellung der neurosekretorischen Bahn in ihrer ganzen Länge wurde dadurch begünstigt, daß durch einen glücklichen Zufall (Zusammenarbeit mit dem Pharmakologischen Institut der Universität Kiel) das Zwischenhirn-Hypophysen-System der Hunde untersucht werden konnte; die neurosekretorischen Zellen des Hundes sind besonders groß und sekretreich. In anschließenden vergleichenden Studien wurde der Befund auch bei Vertretern anderer Wirbeltierklassen bestätigt. Der nächste wesentliche Schritt lag aber auf dem Gebiet der interdisziplinären experimentellen Forschung. Gemeinsam mit seinem Mitarbeiter Hild und dem Pharmakologen Zetler konnte Bargmann in Durchschneidungs- und Extraktionsversuchen zeigen, daß das Neurosekret Hormone mit Wirkungen auf die Wasserausscheidung und die Wehentätigkeit (Vasopressin-Antidiuretin und Oxytocin) enthält. Es wurde dabei eindeutig gesichert, daß diese Wirkstoffe in den großen hypothalamischen Nervenzellen (Nucl. supraopticus, Nucl. paraventricularis) gebildet werden; der Hypophysenhinterlappen, der vornehmlich aus den Nervenendigungen dieser Zellen besteht, ist lediglich ein Speicherort (Abb. 3b). Beide Neurohormone gelangen in den Hypophysenhinterlappen über den anterograden, vom Zelleib zur Peripherie gerichteten Transport im Nervenfortsatz (Axon) der sekretorischen Zellen. Die Existenz eines axonalen Transportes war bereits in der zweiten Hälfte der 30er Jahre durch Paul Weiss in eleganten Experimenten nachgewiesen worden. Bargmann kannte diese Arbeiten; sie spielten für seine Deutungen eine wesentliche Rolle. In der Folge wurden die Vorstellungen Ransons, daß die Hinterlappenhormone in den gliösen, über eine hypothalamische Bahn lediglich gesteuerten Pituizyten entstehen, definitiv widerlegt. Die Ergebnisse der Durchschneidungsversuche des Arbeitskreises Bargmann wurden von Ernst

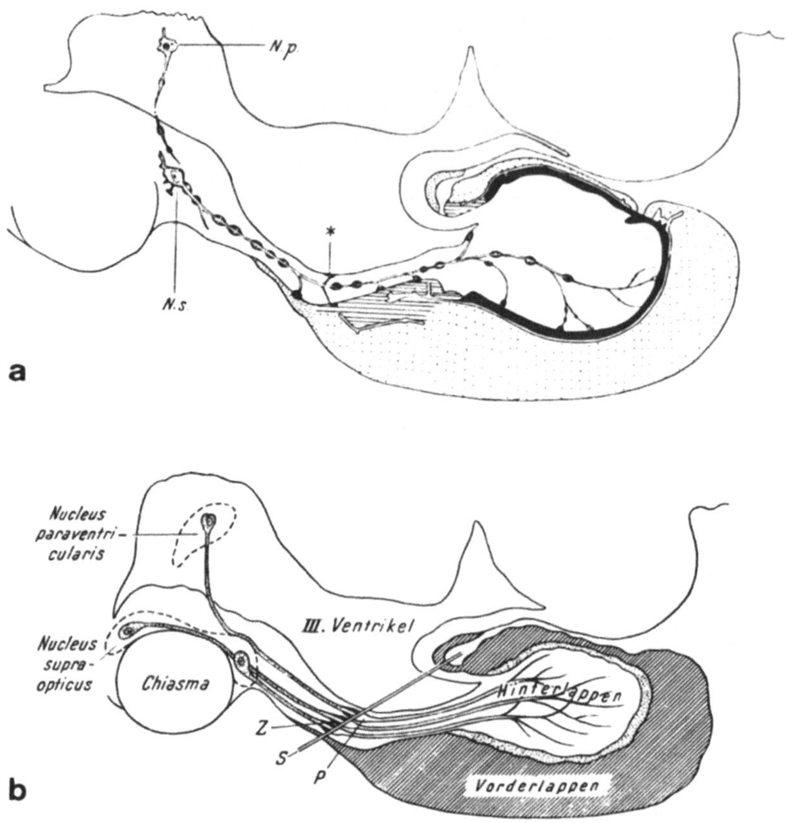

Abb.3. (a) Schematische Darstellung des neurosekretorischen hypothalamisch-hypophysären Systems (Hund) nach Bargmann (1949), Medianschnitt. N. p. Nucl. paraventricularis; N. s. Nucl. supraopticus. * Neurosekret unter dem Ependym. Punktiert = Vorderlappen. Schwarz = Zwischenlappen. Aus dem Produktionsort (Nucleus supraopticus, paraventricularis) führt nach Bargmann ein Strom von Neurosekret über die neurosekretorische Bahn zum Stapelort (Hinterlappen). In der neurosekretorischen Bahn sekrethaltige Faseranschwellungen. (b) Schematische Darstellung der neurosekretorischen Bahn (Hund) im Medianschnitt mit der Lage des von Hild und Zetler (1953) durchgeführten Operationsschnittes (S). Z zentraler Stumpf des Tr. supraoptico-hypophyseus mit Stauung des Neurosekretes, P peripherer Stumpf der durchtrennten Bahn (aus [5]; vgl. [2]).

Scharrer und Mitarbeitern bestätigt. Mit der selektiven Färbemethode konnte Berta Scharrer nach Durchtrennung der Nervenbahnen analoge Erkenntnisse über den Bildungs- und Abgabeort neurosekretorischer Substanzen auch bei den Wirbellosen (Insekten) gewinnen (Abb.4).

Die wissenschaftliche Auseinandersetzung war aber noch nicht zu Ende. Vor allem vertrat der bedeutende Neuroanatom und Neuropathologe Hugo Spatz (1888–1969; s. [4]) die Ansicht, daß das Neurosekret – in Analogie zu den bekannten nervösen Überträgerstoffen (Neurotransmittern) – in den neu-

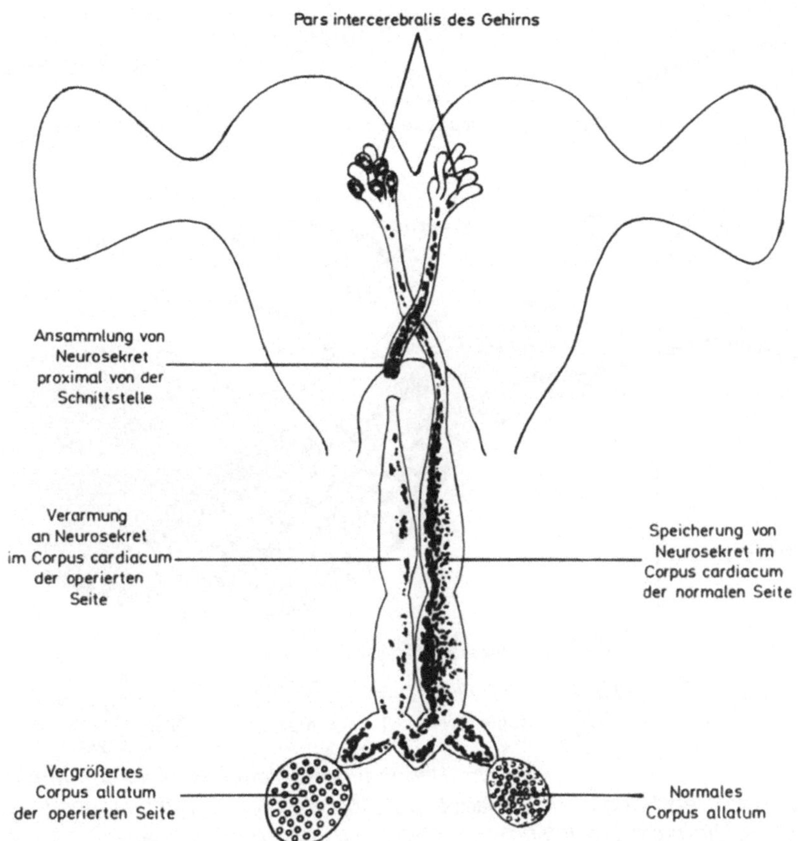

Abb. 4. Schematische Darstellung eines Durchschneidungsversuches an der neurosekretorischen Bahn im Nervus corporis cardiaci bei der Schabe Leucophaea maderae. Einseitige Unterbrechung des Neurosekrettransportes. Häufung des Neurosekretmaterials proximal, Verarmung distal von der Schnittstelle (nach B. Scharrer 1952, aus [12]).

rohypophysären Endigungen der großzelligen hypothalamischen Neurone gebildet werde. Den auf das portale Gefäßsystem des Hypophysenstiels ausgerichteten Projektionen tuberaler hypothalamischer Bahnen (Abb. 5) schrieb Spatz alternativ eine effektorische oder auch chemorezeptive, also auf den Hypothalamus gerichtete Funktion zu; die in den kleinzelligen Ursprungsneuronen dieser Bahnen vermuteten Wirkstoffe ließen sich mit den damaligen Methoden nicht erfassen. Ein Streitgespräch von hohem wissenschaftlichem Rang fand 1953 aus Anlaß der 51. Versammlung der Anatomischen Gesellschaft in Mainz mit Ernst Scharrer und Wolfgang Bargmann in dem einen, mit Hugo Spatz in dem anderen Lager statt [1, 11, 14][1]. Die Entscheidung über die vorgetragenen konträren Thesen blieb aber damals noch offen.

---

[1] Unveröffentlichter Seminarvortrag (2.7. 1985) am Medizinhistorischen Institut (Prof. Dr. Dr. G. Mann) der Johannes-Gutenberg-Universität Mainz

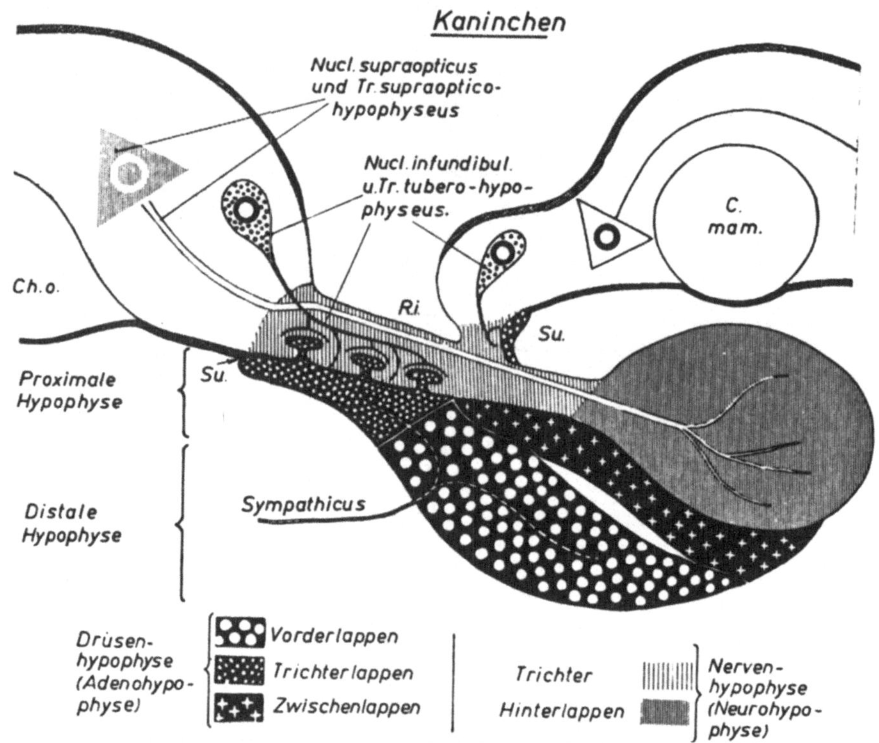

Abb. 5. Schema des Zwischenhirn-Hypophysensystems (Kaninchen), Medianschnitt, nach Spatz. Beachte den Tr. supraoptico-hypophyseus zum Hinterlappen (neurosekretorische Bahn nach Bargmann, vgl. Abb. 3 a, b) und den Tr. tubero-hypophyseus mit Endigungen im Hypophysenstiel, am Ufer des portalen Hypophysenkreislaufs (vgl. Abb. 6). Einzelheiten siehe Text. Ch. o. Chiasma opticum; C. mam. Corpus mamillare; R. i. Recessus infundibuli; Su. Sulcus tubero-infundibularis (aus [15]).

Für die weitere Diskussion muß festgehalten werden, daß die Aufmerksamkeit von E. Scharrer und Bargmann primär auf den Hypophysenhinterlappen gerichtet war, wogegen für Spatz der Einfluß des Hypothalamus auf den Hypophysenvorderlappen, insbesondere seine Bedeutung für Steuerungsmechanismen der Fortpflanzung, im Vordergrund des Interesses stand. Ein grundsätzlicher anatomischer Unterschied besteht darin, daß der Hypophysenhinterlappen als Abkömmling des Hypothalamus ein Teil des Gehirns ist, wogegen der Hypophysenvorderlappen als Hauptteil der Adenohypophyse aus dem Rachendach hervorgeht. Die auf den Hypophysenvorderlappen zielenden Nervenbahnen aus dem kleinzelligen mediobasalen Hypothalamus (Tuber cinereum) endigen am Ufer des hypophysären Pfortaderkreislaufs (vgl. Abb. 6), dessen Strömungsrichtung zum Zeitpunkt des Mainzer Streitgespräches noch nicht geklärt war.

In den Überlegungen von Spatz (vgl. [5]) sind Elemente der Konzepte der einflußreichen französischen Endokrinologenschule um Remy Collin (Nancy, später Paris) erkennbar. Collin ging allerdings weiter als Spatz und vertrat die Ansicht, daß in den geschilderten Nervenbahnen des Hypothalamus verflüssigtes Sekretmaterial der adenohypophysären Drüsenzellen (Kolloid) hirnwärts, zu den hypothalamischen Zentren transportiert werde. Diese Theorie der „Neurokrinie" postulierte eine Transportrichtung der Wirkstoffe, die der Auffassung von Scharrer und Bargmann diametral entgegengesetzt war (vgl. [16]). Im Gegensatz zum Hypophysenhinterlappen-System gab es zu der damaligen Zeit für die Sekrete der Steuerungsneurone der Hypophysenvorderlappen-Systems noch keine spezifische Färbemethode.

Aufmerksame Beobachter richteten aber schon damals ihren Blick auf die Arbeiten des britischen Hirnforschers und Endokrinologen Harris (Oxford), die aber erst Mitte der 50er Jahre ihre Abrundung erfuhren (vgl. [5]). Harris ging davon aus, daß die hypothalamischen Nervenendigungen, die keine direkte Verbindung mit dem Hypophysenvorderlappen aufnehmen können, am Ufer der portalen Hypophysengefäße auslaufen (Abb. 6). Es gelang ihm nachzuweisen, daß die Unterbrechung dieser Pfortadern ähnliche Funktionsausfälle an der Nebennierenrinde, den Keimdrüsen und – in geringerem Ausmaß – der

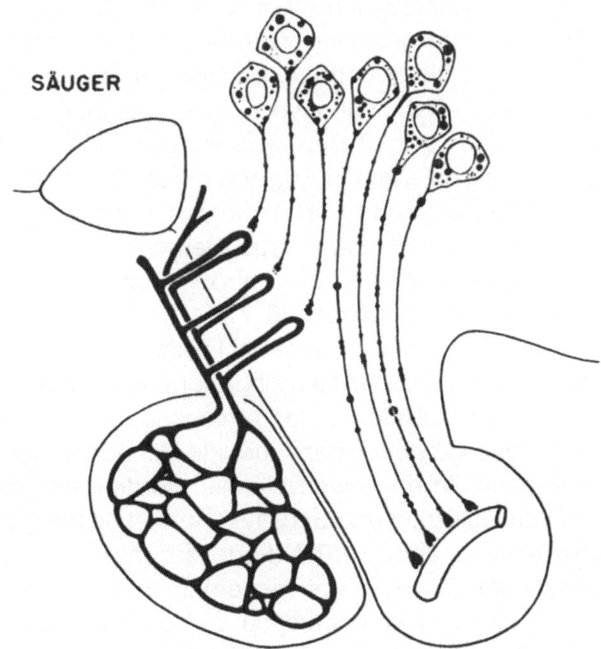

Abb. 6. Schematische Darstellung der Projektion sekretorischer hypothalamischer Nervenzellen zu den primären Kapillaren des portalen Gefäßsystems der Hypophyse im Hypophysenstiel (links); *sekundäre Kapillaren im Hypophysenvorderlappen. Zum Vergleich Beziehungen einer anderen Population sekretorischer Nervenzellen zu den Kapillaren des Körperkreislaufs im Hypophysenhinterlappen* (rechts) *(aus [11])*.

Schilddrüse bewirkt wie die Ausschaltung der Hirnzentren, in denen die auf den Pfortaderkreislauf gerichteten Nervenzellen lokalisiert sind. Gleichzeitig konnte in Lebendbeobachtungen die Strömungsrichtung im hypophysären Pfortaderkreislauf aufgeklärt werden; sie ist vom Hypothalamus zum Hypophysenvorderlappen (und nicht umgekehrt!) gerichtet. In elektronenmikroskopischen Untersuchungen wurde dann in den 60er Jahren auch noch gezeigt, daß die cytologischen Elementarprozesse bei der Bildung von Steuerungshormonen weitgehend dem Sekretionsmechanismus in den klassischen neurosekretorischen Elementen des Hinterlappen-Systems entsprechen.

An der Aufklärung des letzteren waren seit Mitte der 50er Jahre die Laboratorien von Bargmann und Scharrer maßgeblich beteiligt, nachdem die Anfertigung von Dünnschnitten des Hirngewebes möglich geworden war. Das Ultrastrukturbild neurosekretorischer Zellen zeigt, daß aus dem granulären endoplasmatischen Reticulum stammendes Material in den Golgi-Apparat gelangt, wo Elementargranula des Neurosekrets gebildet werden. In dieser Hinsicht besteht kein grundsätzlicher Unterschied zwischen sekretorischen Neuronen (Wirbellose, Wirbeltiere) und Eiweißsekrete bildenden Drüsenzellen (Abb. 7). Die Elementargranula des Neurosekrets werden im Nervenfortsatz (Axon) zur Nervenendigung transportiert; dieser Transportweg konnte wiederholt in Durchschneidungsversuchen, Lebendbeobachtungen und pharmakologischen Experimenten gesichert werden. Neue Erkenntnisse über den anterograden Transport, die Lebendbeobachtungen in der Gewebekultur einschließen, haben diesen Tatbestand weiter untermauert. Die neuronalen Eigenschaften neurosekretorischer Zellen wurden eindeutig in elektrophysiologischen Untersuchungen (vor allem in England durch Cross u. Mitarb.) gesichert.

1967 prägte Bargmann – in Analogie zu cholinergen und aminergen Nervenzellen – den Begriff „peptiderge Neurone"; diese Terminologie ist heute international anerkannt, das Konzept der peptidergen Neurosekretion ist zum Lehrbuchwissen geworden (vgl. [6, 7]).

Der Kreis dieser Entwicklungen schließt sich mit der Aufklärung der chemischen Natur verschiedener Neurohormone (vgl. Abb. 1). Nachdem Du Vigneaud 1955 für die Aufklärung der Aminosäurensequenzen der Neuropeptide Vasopressin und Oxytocin, der Produkte der von E. Scharrer entdeckten neurosekretorischen Zellen, ausgezeichnet worden war, ging 1977 ein weiterer Nobelpreis an Guillemin und Schally für die Aufklärung der Neuropeptide TRH (Schilddrüsensteuerung), LHRH (Fortpflanzung) und Somatostatin (Kontrolle des Wachstums). Guillemin hat wiederholt auf die Bedeutung der Entdeckung des Phänomens der Neurosekretion und der Definition der peptidergen Neurone (E. u. B. Scharrer, Bargmann) für seine Forschungsarbeit hingewiesen, wogegen Schally durch das Konzept der neurohämalen Hypophysenvorderlappen-Steuerung (Harris) angeregt wurde.

Die Richtigkeit der Thesen von Scharrer und Bargmann steht jetzt definitiv fest. Was hat sich aber aus den Konzepten von Collin und Spatz erhalten? Der

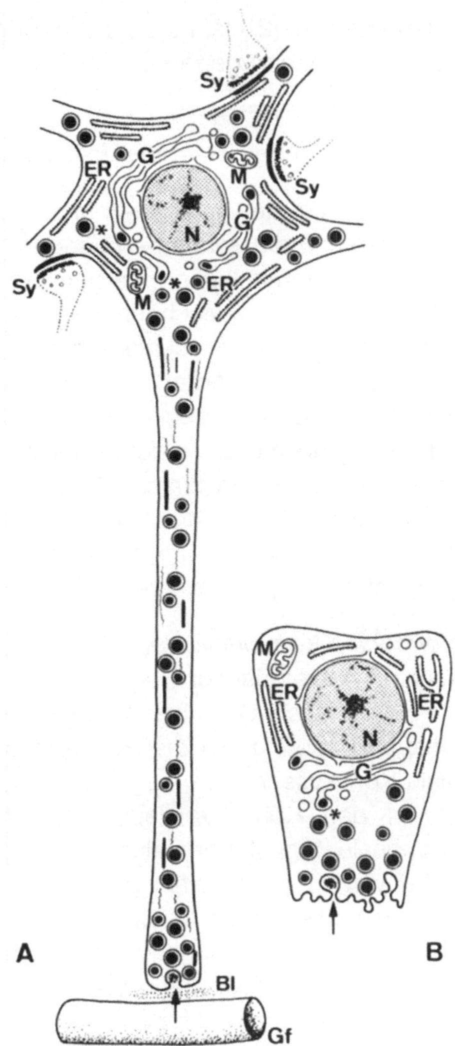

Abb. 7. Vergleich sekretorischer Epithel- (B) und Nervenzellen (A). Beachte in beiden Fällen die starke Ausprägung des endoplasmatischen Retikulum (ER), *die Bildung von Sekretgranula (*) im Golgi-Komplex (G) und die exozytotische Ausschleusung des Sekretmaterials (↑). N Zellkern; M Mitochondrien; Sy Synapsen; Bl Basallamina; Gf Blutgefäß. Schematische Darstellung in Anlehnung an [13] (aus [8]).*

nunmehr gesicherte retrograde axonale Transport sowie die Darstellung von Gefäßverbindungen vom portal versorgten Gebiet der Hypophyse zum Hypothalamus zwingen uns, das Problem einer endokrinen Rückkoppelung erneut zu diskutieren; sie könnte durchaus neben dem anterograden Transport der Wirkstoffe eine physiologische Rolle spielen.

Um die Konsequenzen der Neurosekretionslehre, die zu einem weit gefaßten Begriff der peptidergen Neurone geführt hat, genau zu ermessen, scheint es ratsam zu sein, die geschilderten historischen Entwicklungen mit Angaben zum heutigen Stand der funktionellen und molekularen sowie der systematischen und phylogenetischen Erkenntnisse zu vervollständigen. Durch diese

Ausblicke (vgl. [8]) läßt sich die Tragfähigkeit der richtigen Ideen den konzeptionellen Irrwegen gegenüber noch deutlicher absetzen.

Zentraler peptiderger Apparat: Zellen – Systeme – Funktionen

Das Spektrum der humoralen und neuralen Signale neurosekretorischer Nervenzellen und die darauf beruhenden Möglichkeiten der peptidergen neuroendokrinen Kommunikation werden in einem Schema veranschaulicht (Abb.8), das im Umriß das Zwischenhirn-Hypophysensystem zeigt. Dieses Schema hat Modellcharakter für verschiedenartige peptiderge Neurone.

Neuropeptide werden in vitro mit Radioimmunassay, im Gewebeverband immunzytochemisch nachgewiesen. Das Ziel der chemischen Analytik ist die Aufklärung der Sequenz der einzelnen Aminosäuren eines Neuropeptids, eine Grundvoraussetzung für die Synthese dieses Stoffes. Die Immunzytochemie dient der exakten Darstellung von peptidergen Neuronen und Systemen (Mustern, Verschaltungen, Projektionen) im Bauplan des nervösen Zentralorgans; sie hat die klassischen Neurosekretfärbungen abgelöst.

Hormonale Kommunikation: Die von E. Scharrer entdeckten und zuerst untersuchten sekretorischen Nervenzellen, die heutigen Vasopressin- und Oxytocin-Neurone, sondern ihre Wirkstoffe in die Blutbahn ab. Der Hypophysenhinterlappen spielt dabei die Rolle eines Speicher- und Abgabeortes (neurohämale Kontaktfläche). In diesem Fall, der durch Ausschleusung von Botenstoffen in den Körperkreislauf charakterisiert ist, handelt es sich um eine hormonale Signalübermittlung. Das Zielorgan, im Fall von Vasopressin die Niere, wird im Sinne einer einstufigen Reaktionskette über die Blutbahn (Körperkreislauf) erreicht; die Grundvoraussetzung für das Ansprechen des Zielorgans ist das Vorhandensein spezifischer Membranrezeptoren.

In anderen Fällen kann das Neurohormon aber auch über einen lokalen Spezialkreislauf, z.B. die portalen Hypophysengefäße, an das Zielorgan gelangen. Im Vorderlappen der Hypophyse finden sich Zellen, die Membranrezeptoren für die entsprechenden Hypothalamushormone enthalten. Die von den Vorderlappenzellen abgegebenen Tropine wirken dann über den Körperkreislauf auf ein peripheres endokrines Organ (Keimdrüse, Nebennierenrinde, Schilddrüse). In diesem Fall liegt eine mehrgliedrige Reaktionskette vor. Bei den Wirbellosen können blutähnliche, zirkulierende Körperflüssigkeiten (z.B. Hämolymphe) im Dienste der neurohormonalen Kommunikation stehen.

Eine funktionelle Bedeutung hat auch der „parakrine" Weg der Neuropeptid-Ausbreitung in der unmittelbaren Nachbarschaft ihrer zellulären Produktionsstätten. Dieser Weg führt zuerst in die mit Gewebeflüssigkeit gefüllten interzellulären (interstitiellen) Spalträume, in denen das Vorkommen von immunreaktiven Neuropeptiden elektronenmikroskopisch nachgewiesen wurde; von dort aus werden benachbarte Zellelemente beeinflußt.

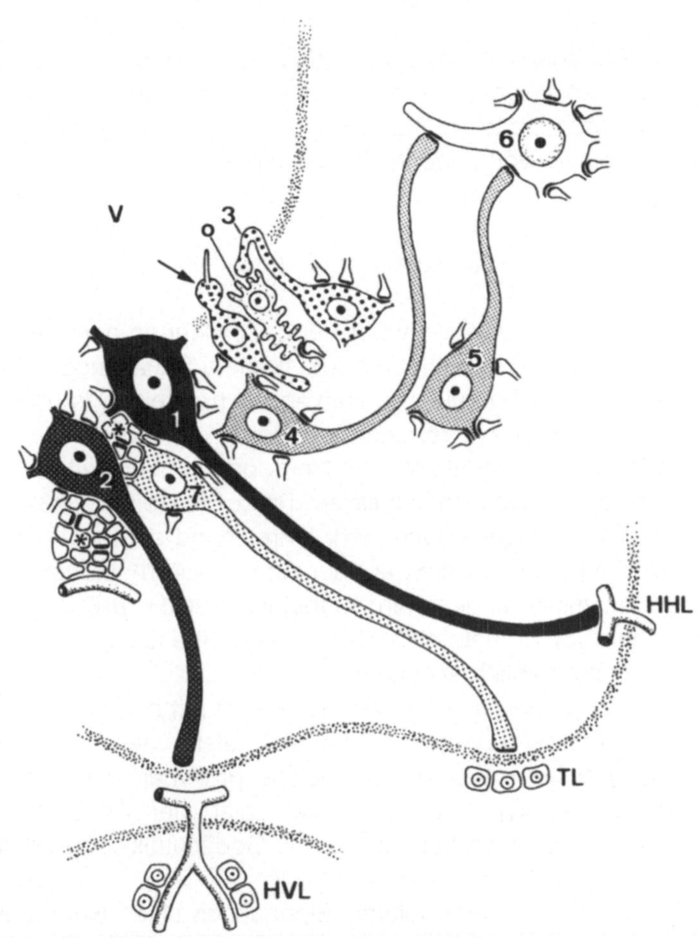

Abb. 8. Grundtypen der peptidergen Nervenzellen des Wirbeltierhirns; hormonale und neurale Kommunikation (dargestellt am Beispiel von Vasopressin-Neuronen). Schematische Darstellung in Anlehnung an Oksche. – Hormonale Signale: 1 Abgabe des Neuropeptids in den Körperkreislauf (Hypophysen-Hinterlappen, HHL). 2 Abgabe des Neuropeptids in den portalen Kreislauf der Hypophyse (Hypophysen-Vorderlappen, HVL). 3 Abgabe des Neuropeptids in den Liquor cerebrospinalis über freie axonale Endingungen im Ventrikel (V); das Neuropeptid könnte aber auch nach parakriner Absonderung über das ventrikelwärts offene System der interzellulären Spalträume in den Liquor cerebrospinalis gelangen. Hingegen gibt es keinen Anhaltspunkt dafür, daß Liquorkontaktneurone (Pfeil; s. Text) das Neuropeptid in den Ventrikelraum absondern; o ependymale Gliazelle. – Neurale Signale: 4, 5 Synaptische Kontakte (Neuropeptid als Transmitter oder Modulator); 6 konventionelles Partnerneuron. 7 Halbsynaptischer Kontakt mit Epithelzellen des Hypophysen-Trichterlappens (TL); transmitterartige Signalübertragung. – Die peptidergen Nervenzellen sind außerdem über zahlreiche afferente (zuleitende) Synapsen mit dem Schaltwerk des Gehirns verknüpft. Der Raum zwischen den lichtmikroskopisch sichtbaren Zellsomata wird ausgefüllt durch das feinste, nur elektronenmikroskopisch erkennbare Astwerk der Nerven- und Gliazellen, das Neuropil (*). Das synapsenreiche Neuropil, das vom System der interzellulären Spalträume durchsetzt wird, ist ein wesentliches anatomisches Substrat der neuralen und metabolischen Interaktion der zellulären Elemente (aus [8]).

Die Abgabe eines Neuropeptids in den strömenden Liquor cerebrospinalis könnte ebenfalls den Kriterien einer hormonalen Kommunikation genügen; diese Mechanismen sind aber noch nicht definitiv gesichert. Ob die im Liquor cerebrospinalis vorhandenen Neuropeptide direkt in den Ventrikelraum ausgeschieden werden oder erst sekundär über das System der interzellulären Spalträume in dieses Kompartiment gelangen, steht noch offen. Allerdings sind peptiderge Liquorkontaktneurone bekannt, vor allem bei niederen Vertebraten.

Neurale Kommunikation: Außer der geschilderten hormonalen Wirkungsweise der Neuropeptide kennt man heute neurale Schaltungen, die dadurch charakterisiert sind, daß peptiderge Nervenzellen miteinander oder mit Nervenzellen eines anderen Typs in Verbindung treten. In solchen Fällen steht eine Transmitter- oder Modulatorfunktion des Neuropeptids zur Diskussion. Für die Neuropeptide sind diese molekularen Prozesse (einschließlich der Frage des „second messenger") noch nicht hinreichend erforscht. Verschiedene Neuropeptide (in Klammern die Zahl der Aminosäuren) werden aber schon jetzt als Neurotransmitter angesehen: Substanz P (11), β-Endorphin (31), Met-Leu-Enkephalin (5), Somatostatin (14). Diese Reihe läßt sich mit potentiellen Kandidaten noch erheblich erweitern.

Peptiderge neuro-neuronale Synapsen mit neuroendokrinen oder konventionellen Partnerneuronen ließen sich elektronenmikroskopisch-immunzytochemisch sichern. Vasopressin-haltige präsynaptische Endigungen kommen außerhalb des Hypothalamus in verschiedenen Abschnitten des Zentralnervensystems vor; man hat sie u.a. mit Gedächtnis- und Lernfunktionen in Verbindung gebracht.

Von einer „Neuromodulator"-Eigenschaft eines Neuropeptids spricht man dann, wenn ein peptiderges Neuron die synaptische Kommunikation anderer Nervenzellen beeinflußt; z.B. Enkephalin kann über spezifische Membranrezeptoren die Freisetzung der Substanz P aus einer anderen peptidergen Nervenzelle hemmen.

Peptiderge Nervenzellen können aber auch mit nicht neuralen Zellelementen (Drüsenzellen, glatter Muskulatur) synaptoide (halbsynaptische) Kontakte bilden. So treten Vasopressin-haltige Nervenendigungen an Epithelzellen des Stiellappens (pars tuberalis) und des Zwischenlappens (pars intermedia) der Adenohypophyse auf.

Peripherer peptiderger Apparat: Diffuses neuroendokrines System – Paraneuronkonzept – Autonomes Nervensystem

Eine wesentliche Erkenntnis der neueren Forschung liegt darin, daß peptiderge Nervenzellen nicht nur im Zentralnervensystem, sondern auch als autonome Elemente in den inneren Organen (Eingeweiden) vorkommen. Diese

42

Fortschritte geben Anlaß zur kritischen Durchleuchtung der klassischen Vorstellungen über die vegetativ-nervöse (Sympathicus-Parasympathicus) und die
peripher-endokrine Regulation. Diese Überlegungen sind eng verknüpft mit
embryologischen Fragen zur Materialquelle der zentralen und der peripheren
peptidergen Neurone. Dabei spielt eine vom Neuralrohr sich lösende Zellfor-
mation – die Neuralleiste – eine besondere Rolle. Die Neuralleiste ist eine sehr
vielseitige Materialquelle, von der auch die Pigmentzellen der Haut und ein Teil
der Stützgewebe des Kopfes abstammen. Das Bild wird noch komplexer
dadurch, daß etwa 20 Peptide, die in spezialisierten Epithelzellen des Magen-
Darm-Traktes (enteroendokrines System) vorkommen, auch in zentralnervösen
Neuronen nachgewiesen werden können. Dieser Problemkreis steht in einer
unmittelbaren Beziehung zum Konzept des diffusen neuroendokrinen Systems
von Pearse und zum Paraneuronkonzept von Fujita. Dem auf den Nachweis
biochemischer Marker ausgerichteten, nach einer ektodermalen Herkunft der
Zellen suchenden Konzept von Pearse (1966) steht der später definierte Begriff
des Paraneurons von Fujita (1976) gegenüber. Fujita ging von einem primär
morphologischen Ansatz aus – der Existenz polar differenzierter rezepto-
sekretorischer Zellen in verschiedenen Organsystemen. Fujita vertritt die
These, daß Neurone, neurosekretorische Neurone und Paraneurone zu einer
Zellreihe mit fließenden Übergängen gehören; die Keimblattableitung spielt in
seinem Gedankengebäude keine besondere Rolle, mit Hinweis auf die im
Genom einer jeden Zelle verankerten Möglichkeiten. Die wissenschaftliche
Diskussion ist noch im Fluß; die erkennbaren grundsätzlichen Gemeinsam-
keiten lassen aber an eine spätere Synthese der beiden Anschauungen den-
ken.

Auf jeden Fall hat diese Auseinandersetzung die neuroendokrinologische
Forschung nachhaltig stimuliert. Die neuen Befunde haben eindeutig gezeigt,
daß im peripheren autonomen Nervensystem neben cholinergen und aminergen Nervenzellen zahlreiche peptiderge Neurone vorkommen, die mit unterschiedlichen Neuropeptiden ausgestattet sind. Infolge dieser Entwicklung
erscheint die klassische Gliederung des autonomen Nervensystems in Sym-
pathicus (biogene Amine) und Parasympathicus (Acetylcholin) zu eng. Allerdings müssen noch weitere, vor allem experimentelle Ergebnisse abgewartet
werden; dann aber wird eine Revision des klassischen Schemas des autonomen Nervensystems nicht zu umgehen sein.

Molekularbiologische Aspekte

Sehr bemerkenswert ist, daß die Neuropeptide, die vielfach aus nur einigen
wenigen Aminosäuren bestehen, in Form von wesentlich größeren Vorläufer-
molekülen (Polyproteinen) synthetisiert werden. Die Aufklärung der molekularen Organisation des Vorläufermoleküls von Vasopressin und Oxytocin gelang

nach Isolierung der spezifischen hypothalamischem mRNA, ihrer Translation in zellfreien Systemen und Charakterisierung der Translationsprodukte mit Hilfe der Immunpräzipitation und tryptischen Spaltung. Den endgültigen Einblick in die innere Organisation der molekularen Vorstufen lieferten Untersuchungen mit klonierter cDNA (vgl. [9]). Zellbiologisch beginnt die in-situ-Hybridisierung eine zunehmende wichtigere Rolle zu spielen.

Es steht jetzt fest, daß die Neuropeptide Vasopressin und Oxytocin in Form eines Präprohormones synthetisiert werden. Das Prähormon des Vasopressin enthält außer dem Nonapeptid auch noch das Neurophysin II (Trägerprotein), ein Glykoprotein und eine Signalsequenz. Interessanterweise fehlt dem mit Neurophysin I vergesellschafteten Oxytocin die Glykoprotein-Komponente. Die Aufklärung der Primärsequenz der Vasopressin- und Oxytocin-Vorstufenmoleküle lieferte den Rahmen für weitere Untersuchungen, die die Regulation der Genexpression dieser beiden Hormone zum Gegenstand hatten. Dabei gelang es, den Mechanismen genetisch bedingter Synthese-Defekte (z.B. Vasopressin-Anomalie bei Brattleboro-Ratten) auf die Spur zu kommen. Weitere Erkenntnisse liegen auch am Pro-Opiocortin-Molekül vor.

Wichtig ist außerdem, daß *eine* peptiderge Nervenzelle verschiedene Neuropeptide enthalten kann, deren Vorkommen nicht aus der enzymatischen Spaltung eines größeren Vorläufermoleküls erklärt werden kann. So wurde in Vasopressin-Neuronen noch Leu-Enkephalin oder Substanz P nachgewiesen. In bestimmten Nervenzellen können Neuropeptide auch gemeinsam mit Transmittern vorkommen, die zu anderen Stoffklassen (Acetylcholin, biogene Amine) gehören; so wurde gemeinsam mit Vasopressin Noradrenalin beobachtet. Allerdings setzen alle Annahmen einer Koexistenz zweier (oder mehrerer) Neurotransmitter ein Höchstmaß an methodischer Präzision und Sauberkeit voraus. Dieses Gebiet ist noch zu sehr im Fluß, um schon jetzt zu einem abschließenden Urteil zu gelangen.

Vergleichende Betrachtungen

Stammesgeschichtlich gehören die peptidergen Nervenzellen zu den ältesten neuralen Elementen des Zentralnervensystems; Neuropeptide treten offensichtlich früher als Acetylcholin und biogene Amine auf. Aus einem Vergleich von Aminosäuresequenzen der Peptide Vasopressin und Oxytocin sowie ihrer Eiweißträger (Neurophysine) konnte geschlossen werden, daß beide Hormone durch Genduplikation aus einem Ahnen-Gen vor etwa 450 Millionen Jahren hervorgegangen sind. Solche Überlegungen sind von großem Interesse im Hinblick auf Neuropeptid-Familien, deren Ursprung auf ein gemeinsames Vorläufermolekül zurückgeführt werden kann. Das Problem der Vorläufermoleküle ist wesentlich auch bei der Erörterung des Phänomens, daß bestimmte Nervenzellen der Wirbellosen mit Antikörpern gegen spezifische Peptidneurohormone der Wirbeltiere reagieren. Ein entsprechender Funktionskreis ist aber bei den Wirbellosen noch nicht zu erkennen, so daß solche Peptide im Organismus dieser Tiere vermutlich eine andere Funktion erfüllen.

Bereits auf der frühesten Organisationsstufe des Nervensystems mehrzelliger Tiere, d.h. bei den Nesseltieren (z.B. *Hydra*), zeigen die in diesen Nervennetzen vorkommenden sekretorischen Nervensinneszellen positive Immunreaktionen mit Antisera gegen verschiedene Neuropeptide der Vertebraten (Vasopressin, Oxytocin, Substanz P, Neurotensin, Bombesin, Cholezystokinin). Dies bedeutet, daß die Neuropeptide der Nesseltiere und der Säuger zumindest über gemeinsame Aminosäuresequenzen (Epitope) verfügen, die eine Kreuzreaktion ermöglichen. Sehr interessant ist auch die Beobachtung, daß zwei aus dem Nervensystem (und Ektoderm) der Nesseltiere isolierte Neuropeptide (Kopfaktivator, Fußaktivator) im Hypothalamus und Darmtrakt von Säugetieren in hohen Konzentrationen gefunden wurden. Bei dieser Sachlage hat man erwogen, die Neuropeptide aus urtümlichen Wachstumsfaktoren abzuleiten.

Auch in den im Vergleich zu den Nervennetzen der Nesseltiere komplex organisierten Ganglien (Nervenknoten) der Weich- und Gliedertiere finden sich peptiderge Nervenzellen, die mit Antisera gegen verschiedene Neuropeptide der Wirbeltiere reagieren. Besonders intensiv wurde das differenzierte Zentralnervensystem der Insekten untersucht. Peptiderge Neurone der Insekten zeigten ein breites Spektrum verschiedenartiger Immunreaktionen (positive Nachweise wurden mit Antisera gegen Vasopressin + Neurophysin II, Oxytocin + Neurophysin I, CRF, Somatostatin, β-Endorphin, Met-Enkephalin, Glucagon, Insulin und Gastrin/CCK erzielt). Über die funktionelle Bedeutung der reaktionsfähigen Neuropeptide der Insekten gibt es vorerst nur Vermutungen. Von wesentlicher Bedeutung ist die kürzlich gemachte Beobachtung, daß bei bestimmten Insekten (Schaben) hochspezifische Bindungsorte für ein synthetisches Enkephalin-Analogon sowohl in den Cerebralganglien als auch im Mitteldarm vorkommen. In den Cerebralganglien zeigt diese Bindungsreaktion geschlechtsspezifische Unterschiede. Im Hinblick auf die Gliederung der Reaktionsketten sind bei den Insekten Analogien zur Organisation des peptidergen neurosekretorischen Systems der Vertebraten erkennbar [13].

Ausblick

Bereits in einem früheren Bericht [8] habe ich festgestellt, daß molekularbiologische Aspekte bei der Erforschung peptiderger Neurone und Systeme eine zunehmend wichtigere Rolle spielen. Im molekularen Bereich wird die Evolution der peptidergen Nervenzellen nicht allein durch ihre Peptidwirkstoffe, sondern auch durch die Membranrezeptoren und die sekundären Reaktionen in den Zielzellen bestimmt.

Ein analytisches Vorgehen darf aber nicht von den ungelösten systemphysiologischen Fragen der neuroendokrinen Regulation ablenken. Die Art des Einbaus der peptidergen Neurone in das gesamte, sehr komplexe neurale Schaltwerk des Gehirns und des Rückenmarks ist für solche Funktionen entscheidend. Diese Betrachtungsweise mündet in die Frage nach der Bedeutung der peptidergen Nervenzellen für die Funktion des ganzen Organismus mit seiner Biorhythmik und Anpassung an die Umwelt. Bei der Weiterentwicklung eines molekularen Konzeptes der peptidergen Neurosekretion dürfen diese Zusammenhänge nicht vernachlässigt werden.

Mit meinen Ausführungen wollte ich zeigen, wie eng auf einem wichtigen Gebiet der Hirnforschung richtige Schlüsse und retardierende Irrtümer benachbart waren. Aus der heutigen Sicht ist schwer zu verstehen, daß bedeutende Forscher mit spitzfindigen, allerdings nicht experimentell fundierten Argumenten das Konzept der sekretorischen Nervenzelle nahezu zwei Jahrzehnte so verbissen bekämpfen konnten. Im Rückblick ist es faszinierend zu verfolgen, wie eminente Kenner des Nervensystems richtig erkannte Bausteine der Beweisführung falsch aneinander reihten, mit dem Ergebnis eines verkehrten Gesamtbildes.

Diese Irrwege lassen sich (1) durch eine zu schmale vergleichend-biologische Basis, (2) durch das zeitbedingte Fehlen geeigneter Methoden, (3) durch eine Vernachlässigung gezielter Experimente und (4) durch die festgefahrene, dogmatische Haltung einiger mächtiger Schulen erklären. Dazu kommt noch der Faktor des „unglücklichen Zufalls", der Fehlentscheidung bei der Abwägung von experimentellen Alternativen. Bei einer vom Glück besser begünstigten Wahl der frühen experimentellen Modellsysteme hätte der Durchbruch – auch bei dem damaligen Stand der histologischen Methodik – etwa 10 Jahre früher gelingen können.

Die Geschichte der Wissenschaften zeigt, daß man aus solchen Erkenntnissen nur in Grenzen lernen kann. Vergleichbare Situationen werden immer wieder eintreten. Mit dieser Einsicht muß man leben, und man kann sich nur damit trösten, daß dogmatisch überschattete Irrwege die Entwicklung eines Gebietes nicht für immer zu hemmen vermögen. Die Erfahrung lehrt, daß der Fortschritt der Wissenschaften nicht aufzuhalten ist. Tröstlich ist auch die Erkenntnis, daß einzelne Bausteine eingestürzter Gedankengebäude – zuweilen erst nach längerer Zeit – bei der Errichtung neuer wissenschaftlicher Konstruktionen doch noch Verwendung finden.

Literatur

1. Bargmann W (1954) Neurosekretion und hypothalamisch-hypophysäres System. Verh Anat Ges 51: 30–45
2. Bargmann W (1954) Das Zwischenhirn-Hypophysensystem. Springer, Berlin Göttingen Heidelberg

3. Bargmann W (1975) A marvelous region. In: Meites J, Donovan BT, Mc Cann SM (eds) Pioneers in neuroendocrinology, pp 37–43. Plenum Press, New York London
4. Bogaert L van (1970) Hugo Spatz (1988–1969) In: Haymaker W, Schiller F (eds) The founders of neurology, 2nd ed, pp 369–375. Thomas, Springfield III
5. Diepen R (1962) Der Hypothalamus. In: Bargmann W (Hrsg) Hdb mikr Anat des Menschen IV/7. Springer, Berlin Göttingen Heidelberg
6. Gersch M, Richter K (1981) Das peptiderge Neuron. VEB Gustav Fischer, Jena
7. Oksche A u a (1981) Das peptiderge Neuron. Symposium in memoriam Wolfgang Bargmann. Verh Anat Ges 75: 973–1016
8. Oksche A (1985) Peptiderge Nervenzellen: Hormonale und nervöse Kommunikation. In: Karlson P u a (Hrsg) Information und Kommunikation. Naturwissenschaftliche, medizinische und technische Aspekte, pp 383–402. Wissenschaftliche Verlagsgesellschaft, Stuttgart
9. Richter D (1983) Vasopressin and oxytocin are expressed as polyproteins. Trends Biomed Sci 8: 278–281
10. Scharrer B (1975) Neurosecretion and its role in neuroendocrine regulation. In: Meites J, Donovan BT, Mc Cann SM (eds) Pioneers in neuroendocrinology, pp 257–265. Plenum Press, New York London
11. Scharrer E (1954) Das Hypophysen-Zwischenhirnsystem der Wirbeltiere. Verh Anat Ges 51: 5–29
12. Scharrer E, Scharrer B (1954) Neurosekretion. In: Bargmann W (Hrsg) Hdb mikr Anat des Menschen VI/5, pp 953–1066
13. Scharrer E, Scharrer B (1963) Neuroendocrinology. Columbia University Press, New York London
14. Spatz H (1954) Das Hypophysen-Hypothalamus System in seiner Bedeutung für die Fortpflanzung. Verh Anat Ges 51: 46–86
15. Spatz H (1958) Die proximale (suprasselläre) Hypophyse, ihre Beziehungen zum Diencephalon und ihre Regenerationspotenz. In: Curri SB, Martini L (Hrsg) Pathophysiologia diencephalica, pp 53–77. Springer, Wien
16. Stutinsky F (1975) How I did not discover neurosecretion. In: Meites J, Donovan BT, Mc Cann SM (eds) Pioneers in neuroendocrinology, pp 281–293. Plenum Press, New York London

Andere im Text oder in den Legenden der Abbildungen zitierte Publikationen sind den oben aufgelisteten Werken zu entnehmen.

Die Wahrheit des Irrtums

JÜRGEN MITTELSTRASS
Universität Konstanz

Irrtum ist etwas, das nicht sein soll, schon gar nicht in den Wissenschaften, der gleichwohl passiert, um dann, wenn er behoben ist, einen Erkenntnisfortschritt um so deutlicher zu machen. Daß Erkenntnisfortschritt sein soll, ist wiederum die eigentliche Parole der Wissenschaft, wie Objektivität und Wahrheit. Der Irrtum, so gesehen, fügt sich der Wahrheit; er ist es erst, der der Wahrheit ihren menschlichen Glanz verleiht. Denn könnten wir nicht irren, wäre Wahrheit das Selbstverständliche, das Übliche. Und das Übliche schreibt man nicht in Forschungsberichte oder, wie im Falle der Wahrheit früher geschehen, über die Portale der Universitäten.

Die Rede von Irrtümern der Wissenschaft ist in den Naturwissenschaften geläufig, in den Geisteswissenschaften nicht. Warum dies der Fall ist, soll im Folgenden deutlich werden, nämlich in einer Darstellung des schwierigen Verhältnisses der Geisteswissenschaften zur Wahrheit und ihres eigentümlichen Umganges mit dem Irrtum. Dabei soll eine *philosophische* Sicht der Dinge im Mittelpunkt stehen. Dies hat den Vorteil, daß eine derartige Sicht naturwissenschaftliche Dinge nicht von vornherein ausschließt, sondern, wie deutlich werden wird, durchaus einschließt.

Die Konzentration auf eine philosophische Sicht der Dinge erleichtert übrigens die hier gestellte Aufgabe keineswegs, gilt doch die Philosophie seit vielen Jahrhunderten, zumal aus der Sicht der Naturwissenschaften, als das eigentliche Füllhorn von Irrtümern und Wissenschaft als der beharrliche Versuch, sie geduldig abzuarbeiten. Doch dazu später ausführlich.

Die Philosophie *begeht* nicht nur Irrtümer – dieser kleine Finger sei schon jetzt gereicht –, sie *spricht* auch über Irrtümer. Was also liegt näher, als mit einigen begrifflichen Bemerkungen und einem Blick auf ältere und neuere philosophische Ansichten über den Irrtum zu beginnen.

Systematisches über den Irrtum

In systematischer Sicht bereitet die Rede vom Irrtum keine großen Probleme. In einer Konstanzer philosophischen Enzyklopädie steht schon alles, was wir brauchen: ‚Irrtum' ist eine „Bezeichnung für eine mit der Überzeugung der Wahrheit verbundene falsche Behauptung. Stellt derjenige, der eine Aussage *a* behauptet hat, die Falschheit von *a* fest, so muß der *a* behauptende Sprechakt der Feststellung des Irrtums zeitlich vorausliegen („ich habe mich geirrt mit der Behauptung von *a*'). Bezieht sich die Feststellung des Irrtums auf eine Behauptung einer anderen Person, so ist auch eine präsentische Form möglich („du irrst, wenn du *a* behauptest'). Bei *eigenem* Irrtum ist die präsentische Form nicht möglich, weil Irrtumsfeststellung sich auf einen komplexen Sprechakt bezieht, der aus der Behauptung von *a* einschließlich der Überzeugung, daß *a* wahr ist, besteht. Aufrichtigkeit und Konsistenz des Handelns lassen bei ein und derselben Person die Feststellung des Irrtums bezüglich *a* erst zu einem respektive der Behauptung von *a späteren* Zeitpunkt zu. Die Behauptung von *a* bei gleichzeitigem Meinen, daß *a* falsch ist, heißt nicht ‚Irrtum', sondern ‚Lüge'" [1].

Drei Gesichtspunkte dieser Explikation von ‚Irrtum' seien hervorgehoben: (1) Wer sich irrt, will nicht den *Irrtum,* sondern im Gegenteil: er will die *Wahrheit.* Außerdem ist er davon überzeugt, daß er sie mit seiner Behauptung trifft. Es ist das Verfehlen dieser Intention (die Wahrheit wollen) und das Nicht-Zutreffen dieser Überzeugung (die Wahrheit sagen), die das, was man meint, zum Irrtum macht. (2) ‚Ich irre mich (jetzt)' geht nicht. Es würde bedeuten, dasselbe gleichzeitig zu behaupten und zu negieren. Es würde auch bedeuten, daß eine ‚Überzeugung der Wahrheit' nicht gegeben ist, die zuvor als konstitutiv für die Rede vom Irrtum bezeichnet wurde. Noch einmal: Die Behauptung von *a* bei gleichzeitigem Meinen, daß *a* falsch ist, heißt nicht ‚Irrtum', sondern ‚Lüge'. In diesem Zusammenhang ist allerdings ein ‚Tatsachenirrtum' (eine nicht zutreffende Behauptung über einen Sachverhalt) von einem sprachlichen Irrtum zu unterscheiden. Dieser betrifft sowohl unzulässige Begriffsbildungen als auch unzulässige Schlüsse, z.B. den Schluß von ‚wenn es regnet, ist die Straße naß' auf ‚wenn es nicht regnet, ist die Straße trocken (nicht naß)'. Hier liegt eine umgangssprachlich nahegelegte Fehlinterpretation der (logischen) Partikeln ‚nicht' und ‚wenn-dann' vor. (3) Daß man *sich irrt* oder einen Irrtum *begeht,* macht, entsprechend den beiden schon genannten Gesichtspunkten, deutlich, daß Irrtum eine Eigenschaft dessen ist, der die Wahrheit sucht, sie aber verfehlt. Gegensatz der Wahrheit bzw. des Wahren ist die Falschheit bzw. das Falsche. Dabei sind Wahrheit und Falschheit Eigenschaften von Aussagen (unter dem Aspekt ihrer Geltung), nicht von Individuen oder Gruppen bzw. von individuellen oder kollektiven Bemühungen um das Wahre und das Falsche, wie der Irrtum. Dessen Gegensatz ist daher auch nicht eigentlich die Wahrheit, sondern die Wahrheits*findung.* Sich irren und sich nicht irren (die Wahrheit finden) sind *Handlungen* – hier in Form von Behauptungen –, während Wahrheit und Falschheit, das Wahre und das Falsche, ‚Wahrheitswerte' von (wertdefiniten) Aussagen sind.[1]

---

[1] ‚Wertdefinit' oder genauer: ‚wahrheitswertdefinit' heißt in der Logik eine Aussage, der genau einer der beiden Wahrheitswerte zugeordnet werden kann. Auf diese Bestim-

Irrtümer haben nach all dem einen *pragmatischen,* das Wissen mit dem Handeln verbindenden Charakter. Dies wird insbesondere auch dadurch deutlich, daß sich die Rede vom Irrtum nicht nur auf Behauptungen, sondern auch auf andere Sprechakte wie Glauben und Beurteilen und darüber hinaus auf nicht-sprachliche Handlungen, z.B. auf das Einschlagen falscher Wege und das Öffnen falscher Türen, beziehen läßt, wobei den nicht-sprachlichen Fällen allerdings stets irrige Einschätzungen und Beurteilungen zugrunde liegen. In ihrem pragmatischen Charakter stehen Irrtümer zwischen einer Welt der Wahrheit oder der Geltungen, die sie hinsichtlich der mit ihnen verbundenen Überzeugung der Wahrheit intendieren, und einer Welt ohne Wahrheit oder ohne Geltung. Anders ausgedrückt: *Der Umgang mit dem Irrtum ist die menschliche Weise des Umgangs mit der Wahrheit.*

Es ist vor allem die Philosophie, die sich mit einer derartigen Feststellung offenbar nicht zufriedengibt. Wo die Philosophie über den Irrtum nachdenkt, ist die Geschichte der Philosophie die Geschichte des Versuchs, ihn ein für allemal loszuwerden – durch eine Methode, die ihn vermeidet, oder durch ein System, das alles, auch den Irrtum, in den philosophischen Schatten stellt. Die Suche nach einer irrtumsfreien Erkenntnisbasis ist der eigentliche Motor, der die Philosophie in ihrer historischen Gestalt bewegt und dabei – so die verständnisvolle Beurteilung durch die Wissenschaften – von einem Irrtum in den anderen führt. Was aber ist ein philosophischer Irrtum? Oder, anders gefragt: Was sagt die Philosophie über den Irrtum? Hören wir sie selbst.

Historisches über den Irrtum

Das philosophische Nachdenken über den Irrtum hat den Irrtum in drei Formen aufgespürt: als Teil der *Natur* des Menschen, als *Defekt* und als *Moment der Wahrheit.* So sind nach Herder Irrtümer schicksalhaft „unsrer Natur (…) unvermeidlich" [2], was der Volksmund auch durch ‚irren ist menschlich' auszudrücken pflegt. Nach Johann Georg Walchs im 18. Jahrhundert viel benutztem „Philosophischen Lexicon" ist Unwissenheit und Irrtum, als gewöhnliche Defekte aufgefaßt, durch geeignete Reparaturmaßnahmen beizukommen: „Der Unwissenheit helfen wir durch Erlernung anderer Wissenschaften; dem Irrthum aber durch die Logic ab." [3] So einfach scheint das zu sein. Nicht so nach Schiller, der demgegenüber die ‚Wahrheitsnähe' des Irrtums betont: „Jede Fertigkeit der Vernunft, auch im Irrtum, vermehrt ihre Fertigkeit zu Empfängnis der Wahrheit." [4] Irrtum also nicht als Gegensatz der Wahrheit, sondern als die andere Seite der Wahrheit.

---

mung bezieht sich in der klassischen Logik der (einen sprachlichen Ausdruck als Aussage definierende) Grundsatz, daß jede Aussage entweder wahr oder falsch ist (‚Satz vom ausgeschlossenen Dritten').

Exemplarische Ausarbeitungen dieser drei philosophischen Formen des Irrtums finden sich bei Augustinus (Irrtum als Teil der Natur des Menschen), bei Descartes und Kant (Irrtum als Defekt) und im Deutschen Idealismus (Irrtum als Moment der Wahrheit). Für Augustinus gehört die Irrtumsgebundenheit des Menschen zu den mißlichen Folgen des Sündenfalls. Sie wird allerdings, gegen den antiken Skeptizismus, auch erkenntnistheoretisch nobilitiert: „si (...) fallor, sum" [5] – wenn ich irre, bin ich. Das soll heißen: Das irrende Selbst, das sich als solches begreift, hat die Wahrheit, nämlich Gott, im Blick. Ganz ähnlich Descartes, allerdings ohne anthropologische Implikationen. Für Descartes führt kein existentieller, sondern ein *methodischer* Zweifel zur Augustinischen Wahrheit, daß sich das Selbst, das Ich, im Irrtum und im Denken in seiner eigenen Natur begreift. Und mehr noch: Der berühmte methodische Zweifel Descartes' ist die Frage nach dem, woran man zweifeln kann, um herauszufinden, woran man nicht zweifeln kann. Erkenntnisgewißheit und methodische Irrtumseliminierung sind die Ziele der Cartesischen Analysen. Irrtum erscheint als ein Defekt, behoben durch eine *Methode,* die den Suchenden den Weg zur Wahrheit gesichert weist („rectum veritatis iter quaerentes" [6]).

Keine Methode, aber erkenntnistheoretische *Konstruktionen* sucht Kant dem Irrtum als einem Erkenntnisdefekt entgegenzusetzen: „Irrtümer entspringen nicht allein daher, weil man gewisse Dinge nicht weiß, sondern weil man sich zu urteilen unternimmt, ob man gleich noch nicht alles weiß, was dazu erfordert wird." [7] In der zuvor (im systematischen Teil) verwendeten Terminologie: Im Irrtum eilt die ‚Überzeugung der Wahrheit' dem Wissen, das Behaupten dem Begründenkönnen voraus. In der Terminologie der Tradition, seit Aristoteles, Duns Scotus und Descartes: Der (unendliche) Wille überspielt den (endlichen) Verstand. Noch einmal Descartes: „Da das Betätigungsfeld des Willens sich weiter erstreckt als der Verstand, schließe ich ihn nicht in dieselben Grenzen ein, sondern betätige ihn auch in Dingen, die ich nicht verstehe." [8] Irrtümer sind folglich vermeidbar, wenn die Freiheit des (behauptenden) Willens die Grenzen des (urteilenden) Verstandes nicht verläßt. So auch Kant, allerdings mit einer neuen, transzendentalen Pointe: „Wahrheit oder Schein sind nicht im Gegenstande, so fern er angeschaut wird, sondern im Urteile über denselben, so fern er gedacht wird. Man kann also zwar richtig sagen: daß die Sinne nicht irren, aber nicht darum, weil sie jederzeit richtig urteilen, sondern weil sie gar nicht urteilen. Daher sind Wahrheit sowohl als Irrtum (...) nur im Urteile, d.i. nur in dem Verhältnisse des Gegenstandes zu unserm Verstande anzutreffen. In einem Erkenntnis, das mit den Verstandesgesetzen durchgängig zusammenstimmt, ist kein Irrtum." [9]

Diese stolze Behauptung beruht nicht, wie noch bei Descartes, auf methodischen Annahmen, sondern auf einer sogenannten Kopernikanischen Wende, der von Kant entdeckten ‚Subjektivität' der Erkenntnis: „Bisher nahm man an, alle unsere Erkenntnis müsse sich nach den Gegenständen richten; aber alle Versuche (...) gingen unter dieser Voraussetzung zunichte. Man versuche es daher einmal, ob wir nicht (...) damit besser fortkommen, daß wir annehmen, die Gegenstände müssen sich nach unserem Erkenntnis richten." [10] Hier ist der Standpunkt formuliert, daß unser Wissen auf (apriorische) Leistungen des Erkenntnissubjekts, Leistungen, die zur Ausstattung der (überindividuellen) Subjektivität gehören, zurückgeht, wobei diese selbst die Objektivität einer erfahrungsbezogenen Gegenstandserkenntnis bestimmen. Es ist ferner dieser Standpunkt, der die dritte Form eines philosophischen Nachdenkens über den Irrtum hervorruft: Daß Erkenntnis eine subjektive Leistung des Erkenntnissubjekts – und dessen transzendentaler Konstitution – ist, wird im Deutschen Idealismus als ,Subjektivierung' der Wahrheit mißverstanden. Die List, Kants Kopernikanische Wende im Sinne einer alles in sich aufnehmenden Vernunft wörtlich zu nehmen, löst den Unterschied zwischen Wahrheit und Irrtum auf; es bildet sich die Vorstellung, daß Irrtum (in der Philosophie) *nicht sein kann.*

Diese dem common sense schlecht zu vermittelnde Vorstellung drückt Fichte wie folgt aus: „Es ist ein himmlisch klarer Satz, (...) daß die Evidenz eine specifisch verschiedene innere und überzeugende Kraft bei sich führe, welche niemals auf die Seite des Irrthums treten kann, daß jedermann unter allen Umständen seines Lebens wissen kann, ob das, was er denke, mit dieser Kraft ihn ergreife oder nicht, daß daher jedweder, von welchem hinterher sich findet, daß er geirrt habe, dennoch, obwohl er gar füglich seinen Irrthum nicht eingesehen haben kann als Irrthum, ihn doch auch sicher nicht als Wahrheit eingesehen hat." [11] So leicht, so ,himmlisch klar' ist das, wenn man sich, wie Fichte, auf die Omnipotenz der Vernunft und auf Evidenzen beruft, für die zu argumentieren bekanntlich zirkulär und gegen die zu argumentieren bekanntlich selbstwidersprüchlich ist. [12] Für Fichte jedenfalls, als ,Historiographen' des menschlichen Geistes, ist alles ,himmlisch' klar: „Das System des menschlichen Geistes (...) irret nie." [13]

Für Hegel ist die „Furcht zu irren schon der Irrtum selbst" [14], die Furcht vor dem Irrtum Furcht vor der Wahrheit. Diese bzw. das Wahre ist nach Hegel bekanntlich das Ganze [15], weshalb auch die Irrtümer selbst, als Widersprüche in einer Welt selbstwidersprüchlicher Dinge aufgefaßt, Momente der Wahrheit sind: „Der Irrtum ist ein Positives, als eine Meinung des nicht an und für sich Seienden, die sich weiß und behauptet." [16] Nur der Irrtum, der den Gang, die dialektische Entwicklung des Zeitgeistes nicht versteht, bleibt nach Hegel ein Irrtum – ihm hilft auch Logik, Methode, System, das nach Fichte den Irrtum aufhebt, nicht weiter.

Mit den angeführten Formen des Irrtums – als Teil der Natur des Menschen, als Defekt und Moment der Wahrheit – ist das philosophische Nachdenken über den Irrtum keineswegs erschöpft. Nietzsche z.B. dreht die idealistische Bestimmung des Irrtums als eines Moments der Wahrheit einfach um. Für ihn ist Wahrheit ein Moment des Irrtums, nämlich „die Art von Irrthum, ohne welche eine bestimmte Art von lebendigen Wesen nicht leben könnte" [17].

Was bei Nietzsche ironisch klingt, nimmt bei Heidegger ‚seinsgeschichtliche‘ Dimensionen an, wobei wohl auch Unverständlichkeit vor der Gefahr des Irrtums über den Irrtum schützt: „Das Sein entzieht sich, indem es sich in das Seiende entbirgt. Dergestalt beirrt das Sein, es lichtend, das Seiende mit der Irre. Das Seiende ist in die Irre ereignet, in der es das Sein umirrt und so den Irrtum (…) stiftet. (…) Jede Epoche der Weltgeschichte ist eine Epoche der Irre." [18] Das möchte so sein. Nur könnte das nicht so sehr am umirrten Sein, als vielmehr an der Schwäche der Vernunft, die immer die Schwäche des Menschen in gemischten, teils schon vernünftigen, teils noch unvernünftigen Verhältnissen ist, liegen. Auch hier aber sieht Heidegger wenig Tröstliches: „Der Mensch irrt. Der Mensch geht nicht erst in die Irre. Er geht nur immer in der Irre." [19]

Nicht weniger konsequent, allerdings verständlicher, springt Wittgenstein mit Irrtum und Wahrheit aus der Sicht der Philosophie um: „Die meisten Sätze und Fragen, welche über philosophische Dinge geschrieben worden sind, sind nicht falsch, sondern unsinnig." [20] Das ist gewissermaßen Hegel ins Gegenteil gekehrt. Während nämlich nach Hegel auch Irrtümer Momente der Wahrheit sind, sind sie nach Wittgenstein Momente des Sinnlosen. Während nach Hegel die Philosophie mit dem Zeitgeist schläft, schläft sie nach Wittgenstein mit niemandem, sie bleibt, was sie nach Wittgenstein ohnehin ist, nämlich unfruchtbar.

Damit sind wir am Ende unserer kleinen Geschichte der philosophischen Wahrheit über den Irrtum. Blickt man auf diese Geschichte zurück, ist der Eindruck selbst verwirrend. Es findet sich ja nicht nur die Vorstellung vom Irrtum, der sich mangelnder Methode und Einsicht verdankt, sondern auch die Vorstellung vom Irrtum auf der Seite der Wahrheit und der Wahrheit auf der Seite des Irrtums; von der Vorstellung, daß sich das System des menschlichen Geistes nicht irrt, und der Vorstellung eines umirrten Seins ganz zu schweigen. Also möchte vielleicht Lichtenberg recht haben mit folgender Bemerkung aus den „Sudelbüchern": „Selbst unsere häufigen Irrtümer haben den Nutzen, daß sie uns am Ende gewöhnen zu glauben, alles könne anders sein, als wir es uns vorstellen. Auch diese Erfahrung kann generalisiert werden (…), und so muß man endlich zu der Philosophie gelangen, die selbst die Notwendigkeit des principii contradictionis leugnet." [21] Hier wird *Irrtumsfreiheit* als das geheime, die Philosophie organisierende Prinzip bezeichnet. Irrtumsfreiheit dabei verstanden nicht nur als Freiheit zu (beliebigen) Irrtümern, sondern auch im Sinne der Vorstellung, daß der Begriff des Irrtums in der Philosophie anwendungslos ist. Daß die Philosophie – um eine andere Wendung Lichtenbergs aufzugreifen – die Kunst sein könnte, „neue Irrtümer zu erfinden" [22], müßte dazu nicht im Gegensatz stehen. Denn wenn die Entwicklung der Philosophie in der Generierung neuer Irrtümer bestünde und in nichts anderem, dann wäre das eben ihre Wahrheit.

,Es gibt keinen Irrtum' – zur geisteswissenschaftlichen Hermeneutik

Das Ergebnis unseres Streifzugs durch die Geschichte der philosophischen
Wahrheit über den Irrtum ist verwirrend und merkwürdig. Ausgegangen waren
wir unter anderem von der Vermutung: Wo viel und intensiv über Wahrheit und
Irrtum nachgedacht wird, kann nicht nur Wahrheit, sondern muß wohl auch Irrtum sein. Schließlich kann sich eine sich gerade im Begrifflichen orientierende
Bemühung nicht von der Möglichkeit ausnehmen, selbst, und zwar auf eine
kontrollierbare Weise, zu irren. Eben dies aber scheint, wenn man die herange-
zogenen idealistischen und nach-idealistischen Beispiele oder Lichtenbergs
Votum betrachtet, nicht der Fall zu sein. Schon die Aufforderung ,nenne mir Irrtümer der Philosophie!' oder die Aufforderung ,nenne mir Irrtümer der Geisteswissenschaften!' würden in erhebliche Verlegenheit versetzen. Es gibt keine
Einigkeit über den Irrtum und schon gar nicht über die Wahrheit.

Außerdem hat man seit langem erfolgreich ein Prinzip in Kraft gesetzt, das
sich als ein *hermeneutisches Reparaturprinzip* auffassen läßt. Gemeint ist das
Prinzip, jemanden besser zu verstehen, als er sich selbst versteht. In der Befol-
gung dieses Prinzips spielt der Verstehende, der Interpret, Bäumchen-Bäum-
chen-wechsle-dich mit Wahrheit und Irrtum, erscheint, je nach Interpretation,
wahr, was vorher falsch, und falsch, was vorher wahr erschien. Außerdem stellt
dieses Prinzip eine Art ,Wucherungsprinzip' der Philosophie und der Geisteswissenschaften dar. Wir kennen es unter der Bezeichnung ,Proliferationsprin-
zip' aus der Wissenschaftstheorie der Naturwissenschaften. [23] Dort besagt
es die Aufforderung zur Generierung möglichst vieler Erklärungsalternativen,
die in Form von (erklärenden) Theorien Falsifikationstests unterworfen werden
sollen. Den Hintergrund bildet die (Poppersche) Vorstellung, daß sich Theorien
nicht abschließend, d.h. ein für allemal, verifizieren lassen. [24] So auch in Philosophie und Geisteswissenschaften. Einen Autor besser verstehen, als er
sich selbst versteht, schafft diesen gewissermaßen auf die eigene Seite, macht
ihn zum Bundesgenossen eigener Vorstellungen. So hat dann jeder seinen
Kant, der denkt wie er selbst, und seinen Goethe ebenso. Irrtümer sind in diesem Falle immer die Verstehensirrtümer der anderen.

Es gibt also durchaus auch in Philosophie und Geisteswissenschaften Irr-
tumsvermutungen und Irrtumsbehauptungen, nur erweisen sich diese, zumal
auf dem Hintergrund des erwähnten hermeneutischen Reparaturprinzips, in
der Regel in einem hohen Maße als *voraussetzungsgebunden.* Vorausset-
zungsgebundene Vermutungen und Behauptungen dieser Art regeln oft geradezu das Verhältnis von Richtungen und Schulen untereinander, d.h. sie werden in erster Linie als Ausdruck der Überzeugung eingesetzt, daß eine ,ganze
Richtung' nicht stimmt. In diesem Sinne stehen z.B. in der klassischen Philosophie Empirismus und Rationalismus, in der neueren Philosophie Kritische
Theorie und Kritischer Rationalismus gegeneinander, in der Literaturtheorie
Produktionsästhetik und Rezeptionsästhetik, in der Geschichte geisteswissen-

schaftliche und sozialwissenschaftliche Orientierungen, in der Soziologie Konflikt- und Integrationstheorien, marxistische und liberalistische Bedürfnistheorien. Theoretische Großalternativen regeln hier das Verhältnis von Wahrheit und Irrtum, wobei die Wahrheiten der einen stets die Irrtümer der anderen sind.

Damit trifft aber auch auf die Philosophie und die Geisteswissenschaften zu, was der finnische Wissenschaftstheoretiker Georg Henrik von Wright, im Anschluß an die derzeit in der Wissenschaftstheorie modische Paradigmenterminologie, einmal über die Sozialwissenschaften gesagt hat – wenn man die Überlegungen von Wrights teilt: „Man kann (...) mit einer gewissen Berechtigung von parallelen Typen von Sozialwissenschaften sprechen (...). Sie unterscheiden sich weniger in konträren Auffassungen über Tatsachen als in den Paradigmata, die sie für ihre Beschreibungen und Erklärungen akzeptieren. Dieser Unterschied in den Paradigmata zeigt einen Unterschied in der *Ideologie.*" [25] Nach dieser These gibt es in den Sozialwissenschaften – und wenn man sie auf die Philosophie und die Geisteswissenschaften übertragen darf, auch hier – prinzipiell keine universellen Paradigmen, hängt der theoretische Zustand der genannten Disziplinen im Kern davon ab, daß sie im Gegensatz zu den Naturwissenschaften kein einheitliches Erkenntnisinteresse auszubilden vermögen. Wo die Physik z.B. entweder über ein kosmologisches oder ein technikorientiertes Interesse im Methodischen und in der Theoriebildung zu paradigmatischer Einheit findet, bleiben sozial- und geisteswissenschaftliche Paradigmen ideologieorientiert und insofern, bei unterstellter ideologischer Vielfalt, notwendig partikular. Wahrheit wird nach dieser Vorstellung zu einem ideologischen Begriff – und Irrtum damit natürlich auch.

Nun soll hier gar nicht so hoch, in die oberste aller wissenschaftstheoretischen Schubladen, nämlich in die Ideologieschublade, gegriffen werden. Statt dessen zwei Beispiele, die den eher ‚alltäglichen‘ philosophischen und geisteswissenschaftlichen Umgang mit Wahrheit und Irrtum verdeutlichen mögen. Das erste, Germanisten wohlbekannte Beispiel stammt aus der Interpretationspraxis der Literaturwissenschaften – unter Beteiligung eines Philosophen. Es geht um Mörikes Gedicht „Auf eine Lampe" von 1846:

> „Noch unverrückt, o schöne Lampe, schmückest du,
> An leichten Ketten zierlich aufgehangen hier,
> Die Decke des nun fast vergeßnen Lustgemachs.
> Auf deiner weißen Marmorschale, deren Rand
> Der Efeukranz von goldengrünem Erz umflicht,
> Schlingt fröhlich eine Kinderschar den Ringelreihn.
> Wie reizend alles! lachend, und ein sanfter Geist
> Des Ernstes doch ergossen um die ganze Form –
> Ein Kunstgebild der echten Art. Wer achtet sein?
> Was aber schön ist, selig scheint es in ihm selbst." [26]

Das Gedicht verbindet Zugehörigkeit und Fremdheit des Betrachters einer Lampe in einem verlassenen Haus in ‚zurückblickender Wehmut‘ (Heidegger), zusammengezogen im letzten Vers: „Was aber schön ist, selig scheint es in ihm selbst". Der Züricher Germanist Emil Staiger vergleicht diesen Vers mit dem Goethe-Vers „Die Schöne bleibt sich selber selig" (im zweiten Teil des „Faust") und erläutert: Er (Goethe) „weiß darüber Bescheid. Er spricht sich entschieden und unzweideutig aus. Mörike geht nicht so weit. Er traut sich nicht mehr ganz zu, zu wissen, wie es der Schöne zumute ist. ‚Was aber schön ist, selig *scheint* es …‘ ist alles, was er zu sagen wagt. Und nun ersetzt er noch gar mit jenem letzten Raffinement, über das nur ein Spätling verfügt, das ‚sich‘ durch ‚ihm‘. Hätte er ‚in sich selbst‘ geschrieben, so hätte er sich noch immer allzusehr in die Lampe hineinversetzt. Ganz abgerückt ist das Schöne wieder, wenn es selig ist ‚in ihm selbst …‘."" [27].

‚Scheint‘ wird hier von Staiger als ‚videtur‘ (‚es hat den Anschein‘), nicht als ‚lucet‘ (‚es leuchtet‘) gelesen. Der Philosoph Walter Rehm und der Romanist Hugo Friedrich schließen sich an. Nicht so Martin Heidegger, der in den letzten beiden Zeilen „in nuce Hegels Ästhetik" [28] erkennt. Er schreibt an Staiger: „Sie lesen ‚selig scheint es in ihm selbst‘ als *felix in se ipso (esse) videtur.* Sie nehmen das ‚selig‘ prädikativ und das in se ipso zu felix. Ich verstehe es adverbial, als die Weise wie, als Grundzug des ‚Scheinens‘, d. h. des leuchtenden Sichzeigens, und nehme das *in eo ipso* zu *lucet.* Ich lese: *feliciter lucet in eo ipso*; das ‚in ihm selbst‘ gehört zu ‚scheint‘, nicht zu ‚selig‘; das ‚selig‘ ist erst die Wesensfolge des ‚in ihm selbst Scheinens‘. Die Artikulation und der ‚Rhythmus‘ des letzten Verses haben ihr Gewicht im ‚ist‘. ‚Was aber schön *ist*‘ (ein Kunstgebild echter Art *ist*), ‚selig *scheint* es in ihm selbst!‘ ‚Das ‚Schön-Sein‘ ist das reine ‚Scheinen‘." [29]

Dieser Stellungnahme Heideggers schließt sich eine Kontroverse über Friedrich Theodor Vischers Vorstellung vom Schönen [30] an, auf die Heidegger verwiesen hatte – zur Begründung seiner Hegelschen Auffassung („Das *Schöne* bestimmt sich (…) als das sinnliche *Scheinen* der Idee" [31]). Staiger kontert mit dem Hinweis auf Mörikes schlechte Hegelkenntnisse und reicht einen Finger: „Es mag sein, daß der alte Fuchs auch ein wenig an *lucet* dachte, das ihm, ähnlich wie das ‚ihm selbst‘, dialektisch noch näher lag als uns. Aber höchstens ‚auch ein wenig‘, spielerisch, versuchsweise. Feste Grenzen der Bedeutung gibt es in einer solchen Lyrik kaum; und das ganze Spectrum des Worts ‚scheinen‘, das Grimms Wörterbuch darlegt, mag mehr oder weniger mitschillern." [32] Anschließend wird die Interpretation von beiden in eine höhere Dimension gehoben. Für Staiger geht es jetzt um einen „wesentlichen Unterschied in der Auffassung dichterischer und philosophischer Sprache" [33], für Heidegger um das Wesen des Kunstwerks schlechthin – erst dunkel („denn anderes steht auf dem Spiel als diese vereinzelte Erläuterung eines Verses. Jenes andere entscheidet vielleicht bald, vielleicht in ferner Zeit, aber gewiß zuerst und sogar allein das Verhältnis der Sprache zu uns, den Sterblichen" [34]), dann, zumindest für den Hegel-Kenner, klar („der Schein (…) gehört notwendig zum Wesen jedes Kunstwerks, und zwar zu dessen eigentlichem Scheinen als dem Sich-an-ihm-selbst-zeigen" [35]). Heideggers Fazit: „‚Was aber schön ist, selig scheint es in ihm selbst‘: Die Schönheit des Schönen ist das reine Erscheinenlassen der ‚ganzen Form‘ in ihrem Wesen." [36] Staiger schließlich wendet sich gegen Heideggers Unterstellung, er meine mit ‚scheint‘ lediglich ‚es sieht so aus, aber ist nicht so‘ und schließt: „Es scheint in sich selber selig zu sein und unser gar nicht zu bedürfen. Es scheint! Vermutlich ist es so. Ganz sicher wissen wir das nicht. Denn wer sind wir armen Spätlinge, daß wir uns getrauen dürften, klipp und klar herauszusagen, wie es dem Schönen zumute ist?" [37]

Wir armen Spätlinge! Die Interpretationskontroverse nimmt selbst dichterische Formen an. Das Schöne erscheint nicht nur für den Dichter, sondern auch für den Interpreten als das Unerreichbare. Wie dem auch sei – die Kontroverse endet unentschieden, remis. Man verzichtet auf eine Entscheidung und geht jeder seiner Deutungswege. Die werden dann auch von anderen gegangen; es bilden sich Deutungstraditionen – nicht ohne Stolz: Kontroversen der geschilderten Art werden selbst als Ausweis des Niveaus interpretatorischer Leistungsfähigkeit angesehen, ohne Entscheid über Wahrheit und Irrtum. Wie sollte der auch gefällt werden? Da erscheint der Umstand, daß man Mörike nicht mehr fragen kann, geradezu als ein Glücksfall: Die Deutungspraxis der Geisteswissenschaften lebt von der ‚inneren‘ *Unbestimmtheit* ihrer Texte, die ihr im Sinne Paul Valérys zum ‚objet ambigu‘ [38] werden. Sie setzt *Vieldeutigkeit* geradezu voraus, postuliert sie. Eindeutigkeit nämlich machte sie überflüssig und bewegte das Verstehen nicht.

Noch etwas anderes aber macht dieses Beispiel, vor allem im Hinblick auf Heideggers Standpunkt, deutlich: An der Wiege der Geisteswissenschaften stand die idealistische Philosophie. Deren Patengeschenk war die Einheit von theoretischer und praktischer Vernunft und der Primat der Vernunft vor der Wirklichkeit. Die Geisteswissenschaften aber haben sich, zumindest aus der Sicht ihrer Patin, dieses Geschenks nicht würdig gezeigt: Sie sind zu historisch-philologischen Wissenschaften geworden, wobei schließlich auch die Philosophie selbst, müde geworden, unter deren methodisches Selbstverständnis geriet. Auch Philosophie wird zu einem historische und philologische Probleme in den Vordergrund rückenden *hermeneutischen* Unternehmen. Nicht nur, aber überwiegend, wie man sich anhand einer philosophischen Bibliothek leicht zu überzeugen vermag. Philosophie – das sind dann in erster Linie philosophische Texte, bei deren Deutung es dem Philosophen nicht anders ergeht wie Staiger und Heidegger mit dem Gedicht Mörikes. Vielleicht ist eben das aber auch der Grund dafür, daß es nicht nur in den Geisteswissenschaften, sondern auch in der Philosophie nicht erst ein Problem geworden ist, zu sagen, *was wahr ist,* sondern auch schon, zu sagen, *was falsch ist* bzw. was ein philosophischer Irrtum ist.

Das zweite Beispiel betrifft daher auch wieder die Philosophie selbst, und zwar hinsichtlich ihres systematischen Selbstverständnisses. Die Philosophie ist nämlich in der mißlichen Lage, nicht einmal unwidersprochen sagen zu können, was Philosophie ist. Um das zu verdeutlichen, sei hier der Kürze halber – und zur Dokumentation großer philosophischer Darstellungsfähigkeiten – Bernard Bolzano, Mathematiker, Religionsphilosoph und Führer der ‚Böhmischen Aufklärung‘, als Zeuge angeführt. Wenn wir uns, schreibt Bolzano, zur Beantwortung der Frage ‚was ist Philosophie?‘ „an unsere philosophischen Schriftsteller selbst wenden wollten: so kämen wir übel zu rechte. (…) so müssen wir bemerken, daß es vor Allem eine gar nicht geringe Anzahl von Philosophen der Gegenwart gibt, die noch an Kant hangen, oder zu ihm sich wieder zurückgewendet haben, weil sie gefunden haben wollen, daß es mit all den gerühmten Fortschritten der neuesten Speculation am Ende doch nichts sey. Diese erklären denn die Philosophie noch immer als das System der Erkenntnisse aus bloßen Begriffen (ohne Construction durch Anschauungen). Der vor Kurzem noch auf Kant's Stuhle sitzende Herbart dagegen versichert, daß sich die Philosophie gar nicht durch ihre Gegenstände, sondern nur durch die Art ihrer Behandlung derselben unterscheide, und wesentlich nichts Anderes sey, als eine Bearbeitung der Begriffe, wodurch der in ihnen liegende Widerspruch weggeschafft wird. Nicht also, sagt Euch Krug; sondern die Philosophie ist die Wissenschaft von der ursprünglichen Einrichtung des menschlichen Geistes. Ein Dritter beschreibt Euch dagegen die Philosophie als eine Auflösung des allgemeinen Räthsels des Daseyns der Dinge und der Bestimmung des Menschen. Das ist es Alles nicht, sagt Euch ein Vierter; sondern die Philosophie ist das Bestreben nach dem Wissen vom All; ein Anderer aber sagt Euch sehr fromm, sie ist das Streben nach der Erkenntniß und Liebe Gottes im Wissen und im Handeln; ein Anderer, sie ist die Wissenschaft von dem Zusammenhange der Dinge mit dem letzten Grunde alles Seyns oder die Wissenschaft von der Erkenntniß der Dinge, wie sie in Gott sind, oder (…) die Wissenschaft aller Wissenschaften, die Urwissenschaft. Ein Anderer belehret Euch, sie sey die Wahrheitslehre; ein Anderer, sie sey die Wissenschaft derjenigen Erkenntnisse, welche frei aus dem Geiste des Menschen geschöpft werden oder die Wissenschaft von den Gesetzen und Bedingungen der menschlichen Erkenntniß. Ein Anderer wird sie Euch als das Wissen des Unbedingten, als die wissenschaftliche Darstellung des vernünftigen Denkens sowohl als auch des freien Denkinhaltes bezeichnen. Hegel, der mit dem Glauben starb, daß er durch seine Philosophie den lieben Gott erst zu einem vollendeten Selbstbewußtsein gebracht hat, erklärt Euch die Philosophie als die Wissenschaft von der Vernunft, sofern sie sich ihrer als alles Seyns bewußt wird, oder auch als die absolute Wissenschaft der Wahrheit, als die Erkenntniß der Entwicklung des Concreten, u. s. w. Einer seiner Schüler gibt Euch als die höchste Definition an, die Philosophie sey das Denken der Identität des Denkens und des Seyns; ein Anderer aber sagt, sie sey der absolute Geist in der noch abstracten Gestalt des Denkens und Wissens u. s. w. Ihr irret Alle, ruft uns der große Schelling zu, denn es kann vor der Hand gar nicht gesagt werden, was Philosophie sey, weil der Begriff der Philosophie erst das Resultat der (Euch von mir in ihrer Vollendung noch nicht mitgetheilten) Philosophie selbst ist" [39].

Nun, auch nach Schelling ist dunkel geblieben, was es heißen soll, daß der Begriff der Philosophie ‚das Resultat der Philosophie selbst ist'. Schellings eigene Philosophie, ob dieser sie nun ‚in Vollendung' mitgeteilt oder es vorgezogen hat, sie für sich zu behalten, hat die Dinge jedenfalls nicht vereinfacht, es sei denn, gemeint wäre nur, daß jede Philosophie letztendlich durch sich selbst deutlich machen muß, was Philosophie ist. Daß Bolzano die großartigen Fortschritte der Philosophie in den letzten gut 180 Jahren nicht kennt, tut nichts zur Sache. Seine Darstellung ließe sich leicht bis in unsere Tage weiterführen – und fiele nicht weniger bunt und verwirrend aus. Philosophie ist immer im Streit, über alles, selbst darüber, was Philosophie ist. In einem solchen Streit, der alles erfaßt, nicht nur Theorien, sondern auch Methoden, Abgrenzungskriterien, Selbst- und Situationsverständnisse, kommt alles wieder, gibt es, in diesem Sinne, keine Irrtümer. Die Neoismen, z.B. Neopositivismus, Neuthomismus, Neukantianismus, Neuhegelianismus, sprechen eine beredte Sprache. Die Tage sind vermutlich gezählt, an denen es auch wieder einen Neocartesianismus, einen Neospinozismus und einen Neuheideggerismus gibt. Irrtümer liegen an Wegen, die der Fortschritt, auch der wissenschaftliche, geht. Die Wege der Philosophie, blickt man auf die angeführten Indizien, gehen anders. Wohin führen sie?

Eine derartige Frage läßt sich nicht durch eine philosophische *Theorie* und nicht durch eine *Prognose* beantworten. Sie läßt sich, wenn man auf unser Beispiel, die Darstellung Bolzanos, blickt, allem Anschein nach überhaupt nicht beantworten. Nur so viel ist klar: Der Weg der Philosophie heraus aus der hermeneutischen Vieldeutigkeit ihrer historischen Formen wird ein *systematischer* sein müssen. ‚Systematisch' nicht im Sinne von ‚begrifflicher Phantasie', sondern im Sinne von ‚begrifflicher Arbeit', einer Arbeit, die durch sich selbst deutlich macht, was Philosophie *ist,* indem sie deutlich macht, was Philosophie *methodisch* orientiert *kann,* und die in diesem Rahmen dann auch Wahrheit und Irrtum wieder systematisch unterscheidbar werden läßt.

Von einer derartigen Situation, deren äußeres Merkmal eine forschende Kooperation philosophischer Subjekte wäre, sind wir noch weit entfernt. Eher scheint es so, daß die Philosophie auch heute noch mit den Geisteswissenschaften, auf deren hermeneutische Praxis geschaut, auf die Geltung des (hermeneutischen) Satzes baut, daß es keinen Irrtum gibt. Gemeint sind hier nicht Datierungsirrtümer, Zitationsirrtümer, Verständnisirrtümer, die sich in Widerspruch zu Überlieferungsevidenzen setzen, sondern eine Vorstellung von Wahrheit, die überall waltet, auch im Irrtum. Das wäre die *Wahrheit des Irrtums.*

Die zwei Kulturen oder warum es in der Naturwissenschaft manchmal recht geisteswissenschaftlich zugeht

Es könnte so scheinen, als sei mit dieser Darstellung der philosophischen und geisteswissenschaftlichen Verhältnisse die These von den zwei Kulturen, der naturwissenschaftlichen und der geisteswissenschaftlichen (einschließlich der sozialwissenschaftlichen) Kultur, aufs neue in aller Schärfe bestätigt. Die eine Kultur, die naturwissenschaftliche, wäre durch einen geordneten kontrollierbaren Erkenntnisfortschritt mit klaren Verfahren zur Wahrheits- und Irrtumsfindung bestimmt, die andere, die geisteswissenschaftliche, durch zum Teil selbstgemachte hermeneutische Vieldeutigkeiten und eine seltsame Unerheblichkeit des Unterschieds von Wahrheit und Irrtum. Dieser Schein trügt. Nicht nur, weil zumal in der philosophischen Kultur nicht alle Orientierungen der geschilderten Art sind, sondern weil auch in der naturwissenschaftlichen Kultur die Verhältnisse keineswegs so verfaßt sind, daß für hermeneutische Vieldeutigkeiten kein Raum bliebe. Das wiederum liegt einerseits an der schon erwähnten Asymmetrie von Verifikation und Falsifikation, die eine abschließende Wahrheitsfindung für Theorien auch im naturwissenschaftlichen Bereich schwierig macht, andererseits an der heute weitgehend akzeptierten These, daß eine Beurteilung von Geltungsansprüchen wissenschaftlicher Theorien allein auf der Basis faktischer wissenschaftlicher Entwicklungen zu erfolgen habe und diese Entwicklungen selbst allenfalls historisch und soziologisch erklärbare ‚Rationalitätsbrüche' einschlössen.

Die wissenschaftstheoretischen Voraussetzungen dieser heute vor allem mit dem Namen Thomas Kuhn [40] verbundenen Vorstellung wissenschaftlicher Entwicklungen finden sich bereits um die Jahrhundertwende bei dem französischen Physiker und Wissenschaftstheoretiker Pierre Duhem [41] formuliert. Sie lauten: (1) Es gibt keine vollständige Kette logischer (theoretischer) bzw. empirischer Gründe für eine Theorie. Ein empirisches Datum kann vielmehr stets durch unterschiedliche theoretische Aussagen erklärt werden. Es ist selbst immer schon theoretisch bestimmt. Daher ist auch keine Hypothese formulierbar, deren experimentelle Kontrolle zwischen konkurrierenden Theorien entscheiden könnte (Unmöglichkeit eines experimentum crucis). (2) Die Entscheidung für eine Theorie ist stets eine Entscheidung für ein System von Sätzen, nicht für einzelne Sätze. Daher können Theorien auch nicht in dem Sinne scheitern, daß ihre Sätze experimentell widerlegt worden wären. (3) Innertheoretische Gründe sind keine hinreichenden Gründe, um eine Theorie zu akzeptieren oder abzulehnen. Entscheidungen für oder gegen eine Theorie fallen vielmehr auf dem Hintergrund historischer Entwicklungen, die selbst Entscheidungen über Rationalitätsstandards einschließen.

Es ist vor allem der zuletzt genannte Gesichtspunkt, der im Begriff der Abhängigkeit wissenschaftlicher Entwicklungen von sogenannten wissenschaftlichen Paradigmen die moderne Diskussion bestimmt. Nach diesem

Historismusmodell wissenschaftlicher Rationalität [42] wäre etwa die Aristotelische Physik nicht einfach ein wissenschaftlicher Irrtum, den die Theorieentwicklung in der Physik erfolgreich korrigiert hätte, sondern ein anderes Paradigma physikalischer Forschung mit anderen Maßstäben, anderen Theorievorstellungen und anderen Zielen.

Nun soll hier nicht die sogenannte ‚Inkommensurabilitätsthese' erläutert werden, die besagt, daß es keine theoretischen und keine argumentativen Brücken zwischen unterschiedlichen Paradigmen, geschweige denn einen argumentativ geführten Paradigmawechsel gibt. Der Grund hierfür wäre, daß der Behauptung nach auch die Rationalitätsstandards paradigmenabhängig sind. Es genügt für unsere Zwecke die Feststellung, daß auch die Geschichte der naturwissenschaftlichen Theorienbildung nicht in jeder Hinsicht als reine Fortschrittsgeschichte – im Sinne einer kontinuierlichen Erweiterung wissenschaftlicher Rationalität – darstellbar ist und daß ihre Entwicklung Phasen einschließt, von Kuhn als revolutionäre Phasen bezeichnet, die sich einer rationalen Rekonstruktion und damit einer mit dieser verbundenen *Eindeutigkeitsvermutung* entziehen. Eben dafür auch an dieser Stelle wieder ein Beispiel, nämlich die Entstehung von Lavoisiers Sauerstofftheorie.

Während diese Theorie selbst klar ist, ist ihre Entstehung trotz intensiver wissenschaftshistorischer Forschungen unklar. Diese Unklarheit liegt nicht am Mangel an historischen Materialien, sondern an deren Mangel an Eindeutigkeit. Die Wissenschaftsgeschichtsschreibung erweist sich als außerstande, jene Problemsituation eindeutig zu rekonstruieren, die zur Bildung der genannten Theorie führte. Die Wissenschaftsgeschichte weist in diesem Falle eine beachtliche Undurchsichtigkeit auf. Zu den Rekonstruktionsversuchen im einzelnen [43]:

Traditionell wird der Ausgangspunkt von Lavoisiers Überlegungen im Problem der Gewichtszunahme der Metalle bei der ‚Kalzination' (der Zersetzung einer chemischen Verbindung durch Erhitzen), gemeint ist die Oxidation, gesehen. [44] Nach der herrschenden Phlogistontheorie verläßt den Körper bei der Verbrennung und Kalzination eine stoffliche Substanz (Phlogiston), womit dieser Prozeß mit einer Gewichtsabnahme verbunden sein sollte. Zu Beginn des Jahres 1772 legt L.-B. Guyton de Morveau detaillierte Untersuchungen über die Gewichtsverhältnisse bei der Kalzination von Metallen vor, die den Nachweis enthalten, daß tatsächlich eine Gewichtszunahme erfolgt, womit er die Ausnahmslosigkeit dieses zuvor nur für einzelne Metalle nachweisbaren Effekts bestätigt. [45] Lavoisier, der von den Untersuchungen Guytons wußte, formuliert im Herbst des gleichen Jahres die erste Fassung seiner Theorie, die in der Anlagerung von Luft an den verbrannten oder kalzinierten Stoff ein wesentliches Element von Verbrennungs- und Kalzinationsprozessen sieht. [46] Also scheint alles klar zu sein: Lavoisiers Theorie ist durch Guytons Arbeit, und zwar im Sinne einer Reaktion auf die festgestellte Gewichtsanomalie der Phlogistontheorie, veranlaßt. Doch klar ist die Situation keineswegs, wenn man nicht das Problem der Gewichtszunahme bei der Kalzination von Metallen, sondern das Phänomen der Verbrennung allgemein in den Vordergrund rückt. Der Chemiker G. F. Cigna veröffentlicht nämlich im Mai 1772 seine Vorstellung, wonach Schwefel und Phosphor bei der Verbrennung Luft absorbieren. [44] Lavoisiers erster Bericht über seine Vorstellungen im Herbst desselben Jahres beschreibt aber Experimente mit eben diesen Stoffen und gelangt zu den gleichen Schlüssen wie Cigna. In diesem Falle ist, wie es scheint, der Einfluß Cignas auf Lavoisier klar.

Doch es gibt auch noch weitere Hypothesen. So wird vermutet, daß das mysteriöse Verschwinden von Diamant bei starker Erhitzung den Ausgangspunkt von Lavoisiers Theorie bilde. Dieses Phänomen erregt zu Beginn der 70er Jahre des 18. Jahrhunderts große Aufmerksamkeit; Lavoisier selbst ist Mitglied einer Arbeitsgruppe, die sich um eine Erklärung bemüht. Eine Verbindung zwischen diesem Interesse an Verbrennungsprozessen und seiner Theorie ist plausibel. Plausibel ist aber auch eine andere Verbindung, nämlich die zu Lavoisiers Untersuchungen über das Aufwallen von Flüssigkeiten. Nach Lavoisiers Interpretation ist dieses Aufwallen das Resultat einer Freisetzung von zuvor in der Flüssigkeit gebundener Luft. Diese Luft verläßt die Verbindung mit der Flüssigkeit und geht stattdessen eine Verbindung mit Wärmestoff ein, wodurch sie ihre Elastizität zurückgewinnt und in Blasen aufsteigt. Ansatzpunkt wäre also eine neue Theorie der Luft. Als erste Anwendung einer solchen Theorie bieten sich aber Metallreduktionen an, also zur Kalzination inverse Prozesse. Es war nämlich zu Lavoisiers Zeit allgemein bekannt, daß bei diesen Reduktionen beträchtliche Mengen Luft freiwerden (auch wenn man diesem Phänomen wenig Beachtung schenkte). Nach der neuen Theorie ist diese freiwerdende Luft zuvor im Kalk (,Metalloxid') gebunden, woraus sich der Umkehrschluß ergibt, daß bei der Kalzinierung, also dem inversen Prozeß, diese Luft im Metall fixiert wird. Die Analyse von Aufwallungsprozessen und Metallreduktionen wäre für Lavoisier das Motiv gewesen, sich mit Kalzinierung und Verbrennung zu befassen.

Ein anderes Motiv könnte eine neue Theorie der Aggregatzustände sein. [48] Wahrscheinlich bereits im Juli 1772 parallelisiert Lavoisier die Freisetzung gebundener Luft – also das Aufwallen – mit der Verdampfung von Wasser. [49] In beiden Fällen verbindet sich die Wasser- bzw. die Luftbasis mit Wärmestoff, der jene Basen mit elastischen Eigenschaften ausstattet. Wasserdampf und Luft sind also von gleicher chemischer Struktur. Diese neue Theorie des Gaszustands wird im August 1772 auch auf Schmelzvorgänge angewandt. Beim Schmelzen von Eis verbindet sich ebenfalls Wärmestoff mit Eis zu flüssigem Wasser. Dies erklärt die Konstanz der Schmelztemperatur, da die Bindung von Wasserstoff zu keiner Erhöhung der Temperatur führt. Während damit dieser Konzeption nach eine Theorie des Aggregatzustands zentral für die Genese von Lavoisiers Sauerstofftheorie wäre, fungiert die Aggregatzustandstheorie aus anderer historischer Sicht lediglich als eine Hilfstheorie gegenüber den unabhängig von ihr entwickelten Ideen zur Kalzinierung und Verbrennung. [50] Sie erklärt nämlich die bei der Verbrennung auftretende Hitze als freigesetzten, also aus seiner Verbindung mit der Luftbasis entlassenen Wärmestoff. Noch anders eine Vorstellung, die zwar auch die neue Gastheorie als Ursprung von Lavoisiers Ideen betrachtet, aber die Untersuchung von Verbrennungsprozessen durch die Frage nach dem Aufbau der Säuren provoziert sieht. [51]

Angesichts dieser Vielfalt gegensätzlicher Deutungsversuche ist natürlich nicht überraschend, daß man auch auf resignative Lösungen stößt, auf das Eingeständnis, keines der hier betonten Probleme besonders auszeichnen zu können. So wird etwa die Wichtigkeit der Theorie des Gaszustands betont und gleichzeitig dem Phänomen der Diamantverbrennung sowie Guytons Kalzinationsexperimenten eine wichtige Bedeutung zugeordnet; ferner wird auf Experimente Pierre-François Mitouards zur Phosphorverbrennung sowie auf die Arbeiten der britischen Schule der pneumatischen Chemie als bedeutsame Anregungselemente hingewiesen. [52] Am Ende steht die Feststellung, daß wir wohl niemals präzise wissen werden, welche Verbindung von Ideen und Umständen es genau war, die zu Lavoisiers Theorie führte. [53]

Damit stehen wir vor dem eigentümlichen Umstand, daß sich die Entstehung einer naturwissenschaftlichen Theorie, trotz ausreichender historischer Informationen, einer rationalen Rekonstruktion entzieht. Während es in der Regel, auch in der Wissenschaft, so ist, daß wir auf eine Frage keine Antwort haben, ist hier das Umgekehrte der Fall: Zu einer Antwort (einer wissenschaftlichen Theorie) fehlt die Frage, d.h. diejenige Problemsituation, auf die eine Theorie eine Antwort ist. Jedenfalls läßt sich diese Frage bzw. die zugehörige Problemsituation nicht eindeutig bestimmen. Das aber bedeutet, daß auch die Naturwissenschaften, denen allgemein ein geordneter Erkenntnisfortschritt unterstellt wird, ‚unübersichtliche‘, vieldeutige Entwicklungen enthalten, und damit das, was zuvor als die Standardsituation geisteswissenschaftlicher Forschung charakterisiert wurde. Entgegen üblichen Annahmen sind die beiden Kulturen, die naturwissenschaftliche und die geisteswissenschaftliche (einschließlich der sozialwissenschaftlichen), selbst in der Terminologie von Wahrheit und Irrtum nicht so weit voneinander entfernt, wie ihre Propagandisten dies erscheinen lassen. Wahrheit ist nicht nur in den Geisteswissenschaften ein schwieriger Begriff. Das gleiche gilt – bei unübersichtlichen Wegen zur Wahrheit – auch vom Begriff des Irrtums.

Die Perspektivität der Welt

Es wurde übertrieben. Im Falle der Naturwissenschaften hinsichtlich unübersichtlicher Wege zwischen Genesis und Geltung sowie zwischen den Theorien (Stichwort Inkommensurabilität), im Falle der Geisteswissenschaften und der Philosophie hinsichtlich der Stilisierung des Irrtums zur Wahrheit. Dabei ist, im

Falle der Geisteswissenschaften und der Philosophie, in die Nähe der Karikatur gerückt, was wohl auch einer anderen, freundlicheren Beurteilung zugänglich ist. Diese sei jetzt nachgeholt – auch auf die Gefahr hin, daß das, was nun folgt, selbst zum Exempel dessen wird, was zuvor über die hermeneutische Vieldeutigkeitsbewältigung in Philosophie und Geisteswissenschaften gesagt wurde.

Fangen wir also noch einmal anders an. Vielleicht läßt sich das Verhältnis der beiden genannten Kulturen, unter Wahrung auch aller methodischen Bedenken gegenüber der Rede von Wahrheit, wie folgt ausdrücken: Die Naturwissenschaften erweitern den Bestand an *wahren* oder doch in einem hohen Maße *bestätigten* Sätzen (über die Welt), aber sie reden nicht von der Wahrheit (von akademischen Feierstunden abgesehen); die Philosophie und mit ihr die Geisteswissenschaften, gelegentlich auch die Sozialwissenschaften, reden von der Wahrheit, aber sie sagen nicht, jedenfalls nicht mit einer Zunge, wo sie ist. Das gleiche gilt vom Irrtum. Die Naturwissenschaften kennen ihn und verstehen ihren Erkenntnisfortschritt als seine Eliminierung; die Philosophie und mit ihr die Geisteswissenschaften, gelegentlich auch die Sozialwissenschaften, reden vom Irrtum, aber sie verwischen gleichzeitig seine Grenze zur Wahrheit, im Sinne dessen, was die Wahrheit des Irrtums genannt wurde.

Natürlich gibt es ihn, den Irrtum, auch in der Philosophie wie anderswo. Es gibt ihn in der Logik ebenso wie in Grundlagenfragen der Ethik, der Erkenntnistheorie, der Metaphysik. Daß aus einer falschen Aussage nur eine falsche Aussage folgt, ist ein solcher Irrtum, desgleichen daß Existenz ein normales Prädikat (erster Stufe) ist, daß sich aus dem Sein, nämlich dem, was der Fall ist, das Sollen ableiten läßt, daß Wahrnehmung nur ein Evolutionsprodukt, nicht auch eine unabhängige Konstitutionsleistung ist und daß die Unterscheidung zwischen Erkenntnissubjekt und Erkenntnisobjekt, wiederum erkenntnistheoretisch betrachtet, eine ursprüngliche, d.h. nicht abgeleitete Unterscheidung ist.

Daß selbst derartige Beurteilungen nicht überall klar und akzeptiert, sondern oft Teil gemischter philosophischer Verhältnisse sind – Verhältnisse, in denen dem einen klar ist, was dem anderen unklar erscheint, manches akzeptiert ist, anderes nicht –, liegt im wesentlichen daran, daß es an einheitlichen Methodenidealen, überhaupt an Einhelligkeit über die Idee des Methodischen selbst, fehlt. Orientierungen in der Philosophie, wie in den Geisteswissenschaften allgemein, tendieren dazu, sich über Festlegungen im Methodischen hinwegzusetzen. Der Geist, so meint man – und das ist ein altes philosophisches Vorurteil –, weht überall, über Logikern und Metaphysikern, Methodischen und Unmethodischen, denen, die nach Wahrheit suchen, und denen, die sie immer schon gefunden zu haben glauben.

Vielleicht weht er tatsächlich überall – schließlich leben wir in einer rationalen Kultur. Nur müßte sich das wohl auch noch anders zeigen lassen als durch die Behauptung, daß dies in dem selbst für richtig Befundenen so sei, und um den Preis der Toleranz in allen Dingen, auch denen des Denkens, die hier aus Einsichten Meinungen macht. Damit wir uns nicht mißverstehen: Gedankenfreiheit muß sein und die Freiheit, sie zu vertreten; Auflösung der Wahrheit in private Ansichten darf nicht sein. Eben diese Auflösung macht Wahrheiten von Meinungen ununterscheidbar und Irrtümer natürlich auch. ‚Ich habe recht und du hast recht, also laß uns in Frieden miteinander leben‘, ist möglicherweise eine gute Maxime der Lebenswelt, solange diese noch dazu tendiert, Streit mit Gewalt auszutragen, in der Wissenschaft sicher nicht. Daß dies in den Geisteswissenschaften nicht so recht auffallen will, liegt – noch einmal – daran, daß diese die Vieldeutigkeit selbst zur Tugend erhoben haben, z.B. in Form des zuvor angeführten hermeneutischen Reparaturprinzips.

Das bedeutet natürlich nicht, daß es exklusive Zugänge zur Wahrheit, und wiesen sich diese auch als methodische aus, gibt. Exklusivität kann weder in bezug auf *Unterscheidungen,* vor allem in der Rolle von Anfängen, noch in bezug auf *Wege,* also Methoden oder Ketten von Einsichten, beansprucht werden. Ein Abonnement auf Wahrheit gibt es nicht, auch nicht in der Wissenschaft. Wer es dennoch für sich reklamiert, behauptet zugleich, sich nicht mehr irren zu können.

Das wiederum heißt nicht, daß damit etwa auch der Anspruch, *Begründungen* im Blick auf intersubjektive Geltung zu liefern, entfiele – also das, was hinsichtlich der Philosophie als der systematische Weg bezeichnet wurde. Wo ein derartiger Anspruch aufgegeben wird, wird nämlich alles beliebig. Auch in der Wissenschaftstheorie, die innerhalb der Philosophie gewissermaßen von Hause aus mit Wahrheit und Irrtum in den Wissenschaften ‚begrifflich‘ befaßt ist. Denn wo eine Ausarbeitung von Begründungszusammenhängen als Grundlage auch der Wissenschaftsanalyse fehlt, bleibt diese Analyse sowie die Kritik einer wissenschaftlichen Praxis in Wahrheit orientierungslos. Dabei erfolgt eine derartige Ausarbeitung immer nach bestem Wissen und Gewissen. Das Wissen geht auf Lückenlosigkeit, Zirkelfreiheit und pragmatische Fundierung – so z.B. die heute als (wissenschaftstheoretischer) Konstruktivismus bezeichnete Position –, das Gewissen auf die Berücksichtigung aller Einwände, die der jeweilige Stand des Wissens zu machen erlaubt. [54]

Die Wahrheit des Irrtums, von der zuvor so viel die Rede war, läge dann rechtverstanden im *guten Willen* des sich Irrenden, aber auch – und damit wird nun das über hermeneutische Vieldeutigkeiten Gesagte positiv (und methodisch) aufgegriffen – in der *Perspektivität der Welt.* Deren Philosophie hat schon Leibniz geschrieben.[2] Das Gegenüber der Erkenntnis ist nicht eine ‚objektive Welt‘, und das Gegenüber der Welt ist nicht eine ‚objektive Erkenntnis‘. Die Dinge sind, wie wir sie sehen – durch unsere alltäglichen, lebenswelt-

---

[2] In seiner Monadenlehre, deren Kern eine Rekonstruktion des klassischen Substanzbegriffs darstellt und in deren Rahmen Monaden die Welt aus jeweils anderer Perspektive ‚spiegeln‘. [55]

lichen *Erfahrungen* und durch unsere *Theorien*. Und wie sich die Dinge nicht
an die Stelle von Erfahrungen und Theorien setzen können, so auch Erfahrungen und Theorien nicht an die Stelle der Dinge. Es geht nicht um Identitäten
und nicht um (erfahrungsmäßige oder theoretische) Orthodoxie. Es geht in
allen unseren Orientierungen, den wissenschaftlichen wie den nicht-wissen-
schaftlichen, um verschiedene ‚Ansichten‘, um eine verschiedene Sicht der
Dinge.

Führt eine derartige Auffassung, in deren Rahmen Wahrheit eine Qualität
von Erklärungsleistungen, nicht (länger) von Übereinstimmungen von Erfahrungen bzw. Theorien mit der ‚Wirklichkeit‘ ist, in den Relativismus? Nein. Auch
dieser unterstellt ‚objektive‘ Verhältnisse, meint jedoch, daß sie uns verschlos-
sen bleiben. Führt eine derartige Auffassung in den Subjektivismus, in die
(reine) Subjektivität? Auch hier darf die Antwort negativ ausfallen, sofern Subjektivität in Gegensatz zur Objektivität von Geltungsansprüchen steht. Allerdings kann sie auch positiv ausfallen, wenn sie auf der Seite Kants steht, nämlich unter Subjektivität die erkenntniskonstitutiven Leistungen des Verstandes
versteht. In jedem Falle aber schließt eine derartige Auffassung ein Sprechen
im Namen der Wahrheit aus. Es ist eben etwas anderes, *über* Wahrheit (und
Irrtum) zu sprechen, wie dies die Philosophie seit langem tut, oder *im Namen*
der Wahrheit zu sprechen, wie dies die Philosophie auch gelegentlich tut. Das
eine macht sie tendenziell zu einem aufklärerischen Geschäft, das andere zu
einem dogmatischen, die Idee einer absoluten Wahrheit – die dann auch stets
noch die eigene Wahrheit ist – beanspruchenden Geschäft.

In diesem Zusammenhang, dem Anspruch auf absolute Wahrheit in der
Philosophie, sei noch einmal Hegel zitiert: „Diese Bewegung, welche die Philosophie ist, findet sich schon vollbracht, indem sie am Schluß ihren eigenen
Begriff erfaßt, d.i. nur auf ihr Wissen *zurücksieht.*“ [56] Eben dies leistet nach
Hegel die Hegelsche Philosophie. Auch Heidegger, der in seinem eigenen
Denken den „Schritt zurück aus der Philosophie in das Denken des Seyns“
[57] vollzogen sieht, und zwar so, daß in seinem Denken schon wirklich
erscheint, was ‚das künftige Denken‘ erst lernen soll, nämlich das Sein „zu
erfahren und zu sagen“ [58], tritt in diesem Hegelschen Sinne im Namen der
Wahrheit auf – einer Wahrheit, deren Legitimität nicht zuletzt darin beruhen soll,
daß sie nicht behauptet wird, sondern *sich ereignet.* Damit ist ein Irrtum, der ja
stets an Behauptungs- bzw. Beurteilungsstrukturen gebunden ist, ausge-
schlossen. Wo nichts behauptet und nichts beurteilt wird, vielmehr nur
geschieht oder sich ereignet, wird Wahrheit (vermeintlich) zu einem Faktum.
Sie ist, so Heidegger, einfach da, sie ‚lichtet‘ sich, zu wiederholtem Mal, so der
Anspruch Heideggers, der dabei gelegentlich auch an andere, z.B. an Hölder-
lin, denkt, in seinem Werk.

Noch einmal anders, wenn auch nicht weniger selbstbewußt, Wittgenstein:
„Meine Sätze erläutern dadurch, daß sie der, welcher mich versteht, am Ende
als unsinnig erkennt, wenn er durch sie – auf ihnen – über sie hinausgestiegen

ist. (Er muß sozusagen die Leiter wegwerfen, nachdem er auf ihr hinaufgestiegen ist.) Er muß diese Sätze überwinden, dann sieht er die Welt richtig." [59] Hier wird zwar nicht die Exklusivität einer ausgesprochenen Wahrheit, aber die Exklusivität eines Weges, des Weges, den die eigene Philosophie gegangen ist, behauptet. ‚Die Welt richtig sehen‘, ist schließlich nichts Geringeres, als sich nicht mehr irren – wofür bislang der Ausdruck ‚Wahrheit‘, im absoluten Sinne, stand.

Gegenüber derartigen absoluten Ansprüchen – einem Reden im Namen der Wahrheit –, auch wenn sie sich mit Namen wie Hegel, Heidegger und Wittgenstein verbinden, ist Mißtrauen und Skepsis geboten. Aus den genannten Gründen: dem *guten Willen,* der sich gegenüber seiner eigenen Irrtumsfähigkeit nicht zu isolieren vermag, und der *Perspektivität der Welt,* über die sich nur ein dogmatischer Wille hinwegsetzen kann. Wer dennoch an derartigen Ansprüchen festzuhalten sucht, irrt sich auf eine geradezu metaphysische Weise. Sein Irrtum wäre nicht mehr, wie zuvor beschrieben, die Wahrheit des Irrtums, sondern der *Irrtum der Wahrheit.*

Literatur

1. Mittelstraß J (Hrsg) (1984) Enzyklopädie Philosophie und Wissenschaftstheorie II, S 298f. Mannheim/Wien/Zürich
2. Herder JG (1784–1791) Ideen zur Philosophie der Geschichte der Menschheit. In: Suphan B u a (Hrsg) (1877–1913) Herder, Sämtliche Werke, XIII, S 359. Berlin
3. Walch JG (1775) Philosophisches Lexicon, worinnen die in allen Theilen der Philosophie vorkommende Materien und Kunstwörter erkläret, aus der Historie erläutert, die Streitigkeiten der ältern und neuern Philosophen erzehlet, beurtheilet, und die dahin gehörigen Schriften angeführet werden (...), S 2089. Leipzig
4. Schiller F (1786/1787) Philosophische Briefe. In: Fricke G, Göpfert HG (Hrsg) (1958–1959) Schiller, Sämtliche Werke, V, S 357 (Theosophie des Julius). München
5. Augustinus A, De civitate Dei XI 26. In: Dombart B (Hrsg) (1877/1905) Augustinus, I, S 498. Leipzig
6. Descartes R, Regulae ad directionem ingenii II. In: Adam Ch, Tannery P (Hrsg) (1897–1910) Descartes, Oeuvres, I–XII, in neuer Anordnung: I–XI, Paris 1964 (im Folgenden zitiert als Oeuvres), X, S 366
7. Kant I (1763) Untersuchung über die Deutlichkeit der Grundsätze der natürlichen Theologie und der Moral III § 2. In: Weischedel W (Hrsg) (1960) Kant, Werke in sechs Bänden (im Folgenden zitiert als Werke), I, S 763. Wiesbaden/Darmstadt
8. Descartes R (1641/1642) Meditationes de prima philosophia IV 9, Oeuvres VII, S 58 (Übersetzung nach: Meditationen über die Grundlagen der Philosophie, Gäbe L (Hrsg) Hamburg 1959, S 107)
9. Kant I, Kritik der reinen Vernunft B 350 (Werke II, S 308)
10. Kant I, Kritik der reinen Vernunft B XVI (Werke II, S 25)
11. Fichte JG (1806) Bericht über den Begriff der Wissenschaftslehre und die bisherigen Schicksale derselben II 1. In: Fichte IH (Hrsg) (1845–1846) Fichte, Sämmtliche Werke, I–VIII (im Folgenden zitiert als Werke), VIII, S 379. Berlin

12. Stegmüller W (1969) Metaphysik Skepsis Wissenschaft, S 169. Berlin/Heidelberg/ New York

13. Fichte JG (1794) Über den Begriff der Wissenschaftslehre oder der sogenannten Philosophie § 6, Werke I, S 76

14. Hegel GWF (1807) Phänomenologie des Geistes, Einleitung. In: Michel KM, Moldenhauer E (Redakt) (1969–1979) Hegel, Werke in zwanzig Bänden (im Folgenden zitiert als Werke), III, S 69. Frankfurt

15. Hegel GWF (1807) Phänomenologie des Geistes, Vorrede, Werke III, S 24

16. Hegel GWF (1812–1816) Wissenschaft der Logik II, Werke VI, S 72f

17. Nietzsche F (1885) Nachgelassene Fragmente April–Juni 1885 34 [253]. In: Colli G, Montinari M (Hrsg) (1980) Nietzsche, Sämtliche Werke. Kritische Studienausgabe in 15 Bänden, XI, S 506 München/Berlin/New York

18. Heidegger M (1950) Holzwege, S 310f. Frankfurt

19. Heidegger M ([3]1954) Vom Wesen der Wahrheit, S 22. Frankfurt

20. Wittgenstein L (1921) Tractatus logico-philosophicus 4.003

21. Lichtenberg GCh, Sudelbücher, Heft J 942. In: Promies W (Hrsg) (1967–1974) Lichtenberg, Schriften und Briefe, I–IV (im Folgenden zitiert als Schriften), I, S 785 München/Darmstadt

22. ibid, Heft L 886, Schriften II, S 517

23. Feyerabend PK (1970) Consolations for the Specialist. In: Lakatos I, Musgrave A (Hrsg) Criticism and the Growth of Knowledge (Proc Int Colloquium in the Philosophy of Science, London 1965, IV), S 197–230. Cambridge

24. Popper KR (1935) Logik der Forschung. Wien (Tübingen [8]1984)

25. Wright GH v (1971) Explanation and Understanding, S 203. London/Ithaca NY (dt Erklären und Verstehen, Frankfurt 1974, S 177)

26. Mörike E (1846) Auf eine Lampe. In: Göpfert HG (Hrsg) ([5]1976) Mörike, Sämtliche Werke, S 85. München

27. Staiger E ([4]1963) Ein Briefwechsel mit Martin Heidegger. In: Staiger E Die Kunst der Interpretation. Studien zur deutschen Literaturgeschichte, S 35. Zürich Der Auseinandersetzung mit Heidegger liegt ein Vortrag zugrunde, den Staiger unter dem Titel „Die Kunst der Interpretation" im Herbst 1950 in Amsterdam und Freiburg gehalten hatte

28. Heidegger M, in: Staiger E, Die Kunst der Interpretation, S 36

29. ibid

30. Vischer FTh (1846–1857) Ästhetik oder Wissenschaft des Schönen. Zum Gebrauche für Vorlesungen, I–III. Reutlingen/Leipzig 1846–1857, I–VI, München 1922–1923. Hier vor allem § 13 des ersten Teils (Die Metaphysik des Schönen), I (1846), S 53f bzw. I (1922), S 51f

31. Hegel GWF (1835) Vorlesungen über die Ästhetik, 1. Teil I 3 (Die Idee des Schönen), Werke XIII, S 151; Heidegger M [28], S 36

32. [28], S 39

33. [28], S 40

34. [28], S 41

35. [28], S 42

36. [28], S 46

37. [28], S 48

38. Valéry P, Eupalinos ou l'architecte. In: Hytier J (Hrsg) (1957/1960) Valéry, Oeuvres, II, S 115ff. Dazu Blumenberg H, Sokrates und das ‚objet ambigu'. Paul Valérys Auseinandersetzung mit der Tradition der Ontologie des ästhetischen Gegenstandes. In: Wiedmann F (Hrsg) (1964) Epimeleia. Die Sorge der Philosophie um den Menschen, S 285–323. München

39. Bolzano B (1849) Was ist Philosophie? Darmstadt 1964, S 5ff
40. Kuhn ThS (1962, [2]1970) The Structure of Scientific Revolutions. Chicago (dt Die Struktur wissenschaftlicher Revolutionen, Frankfurt 1967, rev 1976 (mit Postskriptum von 1969))
41. Duhem P (1906) La théorie physique, son objet et sa structure. Paris (dt Ziel und Struktur der physikalischen Theorien, Leipzig 1908, Neudruck, Schäfer L (Hrsg) Hamburg 1978)
42. Mittelstraß J (1984) Forschung, Begründung, Rekonstruktion. Wege aus dem Begründungsstreit. In: Schnädelbach H (Hrsg) Rationalität. Philosophische Beiträge, S 117–140. Frankfurt (überarbeitete englische Fassung: Scientific Rationality and Its Reconstruction. In: Rescher N (Hrsg) (1985) Reason and Rationality in Natural Science. A Group of Essays, Lanham/New York, S 83–102)
43. Carrier M (1987) On Novel Facts. A Discussion of Criteria for Non-ad-hoc-ness in the Methodology of Scientific Research Programmes. Z allg Wisstheor 18: (im Druck)
44. Berthelot M (1890, [2]1902) La révolution chimique. Lavoisier. Paris
45. Guyton de Morveau L-B (1770) Dissertation sur le phlogistique (…). In: Guyton de Moroeau (1772) Digressions Académiques, ou Essais sur quelques sujets de Physique, de Chymie & d'Histoire naturelle. Dijon/Paris
46. Lavoisier AL de (1772) Détails historiques sur la cause de l'augmentation de poids. In: Dumas JB u a (Hrsg) (1862–1893) Lavoisier, Oeuvres, II, S 103
47. Cigna M (1772) Sur les causes de l'extinction de la lumière d'une Bougie, & de la mort des Animaux renfermés dans un espace plein d'air. In: Rozier E (Hrsg) (1772) Observations sur la physique, sur l'histoire naturelle et sur les arts, VI 1. Paris. Unter dem Titel: Introduction aux observations sur la physique, sur l'histoire naturelle et sur les arts, I–II, Paris 1777, II, S 84–105
48. Morris RJ (1969) Lavoisier on Fire and Air: The Memoir of July 1772. Isis 60: S 374–380
49. Essay sur la nature de lair, abgedruckt in: Fric R (1959) Contribution à l'étude de l'évolution des idées de Lavoisier sur la nature de l'air et sur la calcination des métaux. Arch int d'histoire sci 12: 138–145
50. Guerlac H (1961) Lavoisier – The Crucial Year. The Background and Origin of His First Experiments on Combustion in 1772. Ithaca NY
51. Kohler RE (1972) The Origin of Lavoisier's First Experiments on Combustion. Isis 63: 349–355
52. Hankins ThL (1985) Science and the Enlightenment, S 96ff. Cambridge
53. Hankins ThL [52], S 98
54. Mittelstraß J (1984) Gibt es eine Letztbegründung? In: Janich P (Hrsg) Methodische Philosophie. Beiträge zum Begründungsproblem der exakten Wissenschaften in Auseinandersetzung mit Hugo Dingler, S 12–35. Mannheim/Wien/Zürich; ferner in [42]
55. Leibniz GW (1686) Discours de métaphysique § 14. In: Gerhardt CI (Hrsg) (1875–1890) Leibniz, Die philosophischen Schriften, IV, S 440. Berlin/Leipzig; ferner die sogenannte ‚Monadologie' (1714) § 56, Die philosophischen Schriften VI, S 616. Zum systematischen Zusammenhang dieses Theorems mit anderen Theoremen der Monadenlehre vgl. Mittelstraß J (Hrsg) (1984) Monadentheorie. In: Mittelstraß J (Hrsg) Enzyklopädie Philosophie und Wissenschaftstheorie II, S 924–926
56. Hegel GWF (1830) Enzyklopädie der Wissenschaften im Grundrisse III § 573, Werke X, S 379
57. Heidegger M (1947, [2]1965) Aus der Erfahrung des Denkens, S. 19. Pfullingen
58. Heidegger M (1946) Über den „Humanismus". In: Heidegger M (1954) Platons Lehre von der Wahrheit. Mit einem Brief über den „Humanismus", S 76. Bern
59. Wittgenstein L (1921) Tractatus logico-philosophicus 6.54

Prognosen und Fehlprognosen in der Ökonomie

GOTTFRIED BOMBACH
Universität Basel

Ein Rückblick

Irgendwann in den 60er Jahren hielt der Basler Historiker und wohl bedeutendste Burckhardt-Forscher Werner Kaegi einen Vortrag in der Alten Aula der Universität, von dem ich nicht weiß, ob er in dieser Form auch niedergeschrieben wurde. Über Jakob Burckhardt hieß es dabei etwa wie folgt: Er betonte immer von neuem, daß es unmöglich sei, aufgrund historischer Beobachtungen Prognosen über künftige Entwicklungen zu stellen. Nichts desto weniger prognostizierte er munter darauf los, meistens daneben. Damit wird eine Widersprüchlichkeit herausgestellt, die für nicht wenige große Ökonomen mindestens gleichermaßen typisch ist. Von meinem verehrten Kollegen Edgar Salin, der vermutlich auch unter den Zuhörern gewesen sein wird, mußte ich gelegentlich hören, daß er das Wahrsagen lieber den Zigeunern überlasse, sie verstünden diese Kunst besser. Aber seine oft düsteren Prophezeiungen wurden weithin bekannt, zuweilen sprach man von der Kassandra in Basel. Schließlich gründete er das Unternehmen PROGNOS, und seine Namensschöpfung hat gewiß zum Erfolg beigetragen.

Die Einladung zu diesem Beitrag war für mich reizvoll, weil „Über die Möglichkeit wirtschaftlicher Voraussagen" vor 26 Jahren das Thema meiner Basler Antrittsvorlesung war, gehalten in jener Alten Aula, von der bereits die Rede gewesen ist [1].

Es ist üblich, daß man am nahenden Ende einer langen Dozenten- und Forschungstätigkeit einmal auf die Anfänge zurückblickt: Wie hat man die Dinge damals gesehen? Welcher entscheidende Wandel ist seitdem eingetreten, sind die großen Hoffnungen in Erfüllung gegangen? Ende der 50er Jahre war in der Tat die Zeit der großen Erwartungen, wissenschaftsgeschichtlich zusammenfallend mit der *neoklassischen Synthese,* dem Brückenschlag zwischen dem neoklassischen Marktmodell (relative Preise führen zur optimalen Allokation der Ressourcen) und dem Keynesschen Konzept der Globalsteuerung. Letztere sollte für die volle Nutzung der Ressourcen (Vollbeschäftigung, Vollauslastung der Produktionskapazitäten) sorgen, d.h. für ein Gleichgewicht von Gesamtangebot und Gesamtnachfrage. Nach dieser – aus heutiger Sicht utopischen – Vorstellung einer Arbeitsteilung zwischen einer rein globalen

Wirtschafts- und Finanzpolitik und dem perfekten Funktionieren der Märkte war Strukturpolitik überflüssig.

Den kühnen Hoffnungen der damals jungen Generation stand die Skepsis jener Älteren gegenüber, die nicht bereit waren, die neue Glaubensbotschaft aufzunehmen, oder auch jene Vorläufer von Keynes wie vor allem Albert Hahn, der seine avantgardistischen Leistungen der 20er Jahre als Jugendsünde bezeichnete und gegen die Idee der Nachfragesteuerung im allgemeinen und gegen Prognosen im besonderen mit heftigen Attacken, zuweilen mit Zynismus, zu Felde zog. Was die Kunst des Prognostizierens anbetrifft, so ist dies immerhin erstaunlich für einen Mann wie A.Hahn,[1] der sich selbst so erfolgreich an der Börse betätigt hat [2].

Es waren drei Tatbestände, die um 1960 den Prognoseoptimismus begründeten und dazu führten, daß erhebliche finanzielle Mittel in die entsprechenden Bahnen flossen, seien es öffentliche Mittel oder private Aufträge:

(1) Die Verwissenschaftlichung der Prognosetechniken. Aus „measurement without theory" entwickelte sich die moderne Ökonometrie, eine Synthese von (keynesianischer) Wirtschaftstheorie und Statistik.
(2) Die Nationale Buchführung lieferte konsistente Daten zur Schätzung der Modellparameter. Verläßliche Reihen waren gerade ein Jahrzehnt lang, und man brauchte nicht mehr auf Zwischenkriegszahlen zurückzugreifen.
(3) Der Glaube an die „Machtbarkeit" hatte sich durchgesetzt: Die Konjunktur schien man im Griff zu haben, Feinsteuerung möglich zu sein.
Nachdem man den Konjunkturzyklus überwunden glaubte, setzte sich das *Wachstumsbewußtsein* durch. Wachstumsprognosen verdrängten die kurzfristigen Voraussagen beinahe total.

Die großen Fortschritte beim Ausbau der Volkswirtschaftlichen Gesamtrechnungen dank der Integrationsbestrebungen der OEEC (heute OECD) waren in der Tat von grundlegender Bedeutung. Die schlimmen Fehlprognosen nach dem Kriege waren ja vor allem durch die Extrapolation der Zwischenkriegsrei-

---

[1] Auf diesen Widerspruch gibt Hahn im Vorwort [2], (S. 12) eine interessante Antwort: „Deshalb ist ... jede Vornahme von Kapitalanlagen eine Kunst und nicht eine Wissenschaft, und der Begriff einer „wissenschaftlichen" Methode der Kapitalanlage ist unsinnig." Akzeptiert man diesen Standpunkt, dann war der von Hahn so ätzend kritisierte Lord Keynes nicht nur der anerkannt bedeutende Förderer der Künste in England, sondern selbst auch ein großer „Künstler". Er hinterließ nicht nur ein eigenes, stattliches Vermögen, sondern war nebenher für sein King's College und für die Freunde von Bloomsbury an der Börse höchst erfolgreich.

Weithin bekannt geworden ist insbesondere Hahns Abhandlung „Die Propheten des Unprophezeibaren" aus dem Jahre 1952 (a.a.O., S.257), an die sich eine aus heutiger Sicht interessante Diskussion anschloß. Hahn sprach von einer „Voraussagungs-Manie" und bezog sich dabei auf die bekannten Prognosen einer großen Krise nach Einstellung der Rüstungsausgaben. Er hat Recht behalten, aber war er einfach „right for the wrong reasons"? Wir werden darauf zurückkommen.

Hahns Ausführungen über Börsenprognosen sind übrigens sehr aufschlußreich und lohnen eine Konfrontation mit der modernen Theorie rationaler Erwartungen.

hen bedingt, denen allerdings auch, wie wir heute wissen, eine falsche Konsumtheorie zugrunde lag.

Mit (3) ist nun einer jener großen Irrtümer angesprochen, die dieser Band aufzeigen soll. In der Antrittsvorlesung sprach ich von „… den neuen Gegebenheiten einer Welt, der es gelungen zu sein scheint, die großen zyklischen Schwankungen wirksam zu bekämpfen" (a.a.O., S.41), befand mich aber durchaus in bester Gesellschaft. P.Samuelson, später mit dem Nobelpreis ausgezeichnet, interpretierte bereits 1956 das amerikanische Beschäftigungsgesetz und sah dabei in den Halbjahresprognosen eine große Hilfe für den Politiker. Gelingt es, grobe Über- oder Unternachfrage zu vermeiden, dann könnten nach seiner Überzeugung die großen Depressionen, die die Geschichte des Kapitalismus gekennzeichnet haben, nicht mehr auftreten.

Irrtümer können nützlich sein

Es ließe sich leicht an das Thema des Beitrags „Die Wahrheit des Irrtums" (J.Mittelstraß, in diesem Band s.S.48) anknüpfen. Ob das Konzept globaler Feinsteuerung der Konjunktur schon vom Ansatz her verfehlt war oder sich – weil zu leicht durchschau- und damit ausbeutbar – durch seine Erfolge quasi selbst ad absurdum geführt hat, wird ein akademischer Disput bleiben. Ob Irrtum oder nicht: Zunächst hat man an das Konzept geglaubt, Wissenschaft, Politiker und überwiegend auch die Unternehmer. Dieser Glaube vermittelte Sicherheit und die Möglichkeit, den Blick in die fernere Zukunft zu richten. Es wurde langfristig geplant. Genau diese Sicherheit ist mit den Turbulenzen der 70er Jahre und dem Konjunktureinbruch der frühen 80er Jahre verloren gegangen. Entsprechend hat sich die Nachfrage nach Prognosen fundamental verlagert: von lang auf ultrakurz.

Ein bekanntes und eines der ältesten Argumente gegen die Möglichkeit wirtschaftlicher Voraussagen ist die These der *Selbsterfüllung.* Aber wenn sie eintrifft, so kann dies ebensogut *für* Prognosen sprechen, nämlich dann, wenn der antizipierte Ablauf der erwünschte ist. Daraus könnte nun allerdings der Irrtum entspringen, optimistische Prognosen seien das einfachste Instrument der Wirtschaftspolitik. Daß sich aus einer lang anhaltenden Krise der Wiederaufschwung nicht einfach herbeiprognostizieren läßt – so etwa durch die Titel der Gutachten des Sachverständigenrates („vor dem Aufschwung" usw.) –, haben die Erfahrungen zu Beginn der 80er Jahre bestätigt.

Ja, Irrtümer können nützlich sein, und als erster Satz sei festgehalten: *Der Wert von Prognosen kann nicht allein aus ihrer Treffsicherheit abgeleitet werden.* Prognosen können als bloße Warnung gedacht sein, aufgestellt, damit das Prognostizierte gerade *nicht* eintreten möge. Überdies ist die Treffsicherheit schwer zu messen. Nur vom Prognosezweck her läßt sich eine Richtschnur finden, welche Toleranzgrenzen akzeptabel sind, und diese können für verschiedene Nutzer sehr unterschiedlich sein.

Auch läßt sich nicht generell festlegen, ob der Prognosefehler absolut oder relativ gemessen werden soll. Entscheidet man sich für die heute üblichen relativen Maße, so erscheinen absolut gleich große Fehler mit steigendem Trend sukzessive immer kleiner, obgleich sie die gleiche politische Brisanz haben können. Als die realen Zuwachsraten des Sozialproduktes noch bei 6 oder 8% lagen, wäre eine Diskrepanz zwischen tatsächlicher und vorausgesagter Wachstumsrate von einem Prozent als geringfügig betrachtet worden. Man hätte von einer „fast perfekten" Prognose gesprochen. Erreicht man 2% statt der vorausgesagten 1%, so könnte man, wenn man böswillig ist, einen „hundertprozentigen Fehler" behaupten.[2]

Auch eine psychologisch leicht verständliche – Asymmetrie ist zu beobachten. Unternehmer reagieren auf ein Überschreiten von Absatzprognosen anders als auf ein Zurückbleiben hinter den erhofften Zahlen, das verständlichen Ärger bereitet. Aber auch das Übertreffen kann entgangenen Gewinn bedeuten, wenn vorhandene Nachfrage nicht befriedigt werden kann und abwandert.

Murphys Gesetz der Forschung lautet: „Enough research will tend to support your theory". Man könnte das Maiersche Gesetz hinzufügen: „If facts do not conform to the theory, they must be disposed of" (entnommen der heiteren „Gesetzessammlung" von A. Bloch [3]).

Gemeint sind hier nicht die kleinen statischen Mogeleien beim Füllen von Lücken mit gewagten Schätzungen und Analogieschlüssen, mit denen man Gefahr läuft, aus den Zeitreihen später genau das herauszulesen, was man als Arbeitshypothese zuvor hineingesteckt hat. Konkrete Bedeutung hat dies bei der Ermittlung von Quartalswerten, die die Nationalbuchführung als Jahresrechnung nicht liefert. Die meisten ökonometrischen Modelle arbeiten heute mit Quartalsreihen und sind damit der genannten Gefahr ausgesetzt.

Angesprochen ist vielmehr ein mehr grundsätzliches Problem. Der Fortschritt der ökonometrischen Methode sollte darin bestehen, daß am Anfang eine Theorie steht, die die kausalen Abhängigkeiten aufzeigt und den Wirtschaftsablauf „erklärt". Die einzelnen Bausteine des Modells werden dann empirisch überprüft und gegebenenfalls zurückgewiesen, wenn sie dem Test bei vorgegebenen Fehlgrenzen nicht standhalten. Natürlich läßt sich leicht mogeln und, um wissenschaftstheoretisch anspruchsvoller zu erscheinen, umgekehrt vorgehen. Man läßt den Computer die am besten funktionierenden

---

[2] Merkwürdigerweise taucht eine aus der Schule bekannte Tücke der Prozentrechnung in den verschiedensten Varianten immer wieder auf. Wird nur 1% statt der vorausgesagten 2% Wachstum erreicht, so beträgt der relative Fehler 50%. Kommt umgekehrt aber die Wachstumsrate auf 2% statt auf erwarteten 1%, so ließe sich der Prognosefehler auf 100% beziffern. Dennoch ist beide Male der Fehler absolut gleich groß.

Ansätze erproben und erfindet im nachhinein die dazu passenden, plausibel tönenden „Theorien", oft noch nach dem Motto: je komplizierter desto besser. Allerdings wird man dabei rasch feststellen, daß recht unterschiedliche theoretische Ansätze annähernd gleich gut passen, womit es unmöglich ist, zwischen ihnen zu diskriminieren.

Aber nun zur Kernfrage: Möglichkeit oder Unmöglichkeit wirtschaftlicher Vorhersagen? Nirgends erscheinen mir generelle Aussagen so unmöglich oder gar unsinnig wie hier. Eine Gliederung ist deshalb unerläßlich. Sie führt notwendig zur Frage, ob man Breite oder Tiefe anstreben sollte. Es scheint mir ratsam, in diesem Band zu allem etwas zu sagen, mit einer wesentlichen Einschränkung allerdings: Ich werde mich auf globale Prognosen konzentrieren und Branchen- bzw. Produktprognosen nur dort ansprechen, wo ein wechselseitiger Zusammenhang zwischen Makro- und Mikroebene besteht. Wir gliedern nach zwei Kriterien:

I. Zeithorizont

Zu unterscheiden ist zwischen kurzfristigen, mittelfristigen und langfristigen Prognosen.

Bei den *kurzfristigen Prognosen* hat sich in der Nachkriegszeit ein entscheidender Wandel vollzogen, möglicherweise mit einer gewissen Kehrtwendung in jüngster Zeit. Sie waren einstmals ganz an den Konjunkturzyklus gebunden, und der Ehrgeiz des Prognostikers bestand darin, die Umkehrpunkte möglichst frühzeitig vorauszusagen. Mit dem Konzept der Feinsteuerung, nach dem ja Zyklen überhaupt nicht erst entstehen, zumindest aber stark geglättet werden sollten, hat sich der Zeithorizont wesentlich verkürzt. Man wollte möglichst rasch reagieren können, wenn Ungleichgewichte sich abzeichnen. Regierungen erstellen meist Halbjahresprognosen, Ökonometriker arbeiten, wie bereits erwähnt, mit Quartalsmodellen. Nachdem die Wunschvorstellung einer Feinsteuerung heute von allen drei makroökonomischen Schulen (Neokeynesianer, Monetaristen und „Neue Klassiker") aufgegeben worden ist, hat sich jener schon angedeutete Wandel vollzogen. Man blickt wieder mehr nach den Wendepunkten: Wann wird die Krise überwunden sein, wie lange wird der Aufschwung andauern?

Mittelfristige Prognosen reichen über einen Konjunkturzyklus hinaus. Derzeit würde es bedeuten, einen Blick bis zur Mitte der 90er Jahre zu wagen, vielleicht sogar bis zur Jahrtausendwende. Leider bleibt eine bedauerliche Diskrepanz festzustellen. Von der Sache her geht es um den wohl interessantesten Zeitraum, weil – im Gegensatz zur ultrakurzfristigen Vorausschau – die Entwicklung noch gestaltbar, sich abzeichnende Fehlentwicklungen korrigierbar sind. Und anders als bei wirklichen Langfristprognosen handelt es sich um einen überschaubaren Zeitraum, für den bestimmte Strukturen bereits ziemlich

74

fest vorgezeichnet sind, also nicht einfach alles in der Luft hängt. Auch ist es ein Zeitraum, für den sich der Prognostiker noch zur Rechenschaft ziehen läßt.

Diametral entgegengesetzt zur Bedeutung ist die *Möglichkeit* verläßlicher Vorhersagen. Im Grunde sind kaum wissenschaftlich vertretbare Ansätze abzusehen. Soll man Konjunkturmodelle etwas weiter in die Zukunft laufen lassen und darauf vertrauen, daß die Parameter stabil bleiben werden, notfalls die Parameter ad hoc etwas korrigieren, von strengen Ökonometrikern nicht gern gesehen? Oder ließen sich gegebenenfalls langfristig angelegte Tendenzprognosen präzisieren? Professionelle Prognostiker werden anderer Meinung sein: Aber ich sehe für den eigentlich interessanten Zwischenbereich ein wissenschaftliches Vakuum. Eine besondere Rolle spielen dabei die exogenen Ereignisse, von denen noch zu reden sein wird.

Was die *Langfristprognosen* anbetrifft, so ist zwischen konkreten Wachstumsprognosen, wie sie in den 50er und 60er Jahren in kaum überschaubarer Vielzahl und auf allen Ebenen (Unternehmung, Region, Volkswirtschaft, Wirtschaftsblöcke) erstellt wurden, und Visionen ohne Zeithorizont zu unterscheiden. Jeweils anders begründet, finden wir von den Klassikern bis zu Keynes – und heute wieder – die These vom zwangsläufigen Einmünden in den stationären Zustand ohne zeitliche Präzisierung.

II. Reale versus Finanzsphäre

Realökonomische Prognosen beziehen sich auf das Sozialprodukt, den Konsum, die Investitionen (Wohnungsbau, industrielle Anlagen, Lagerveränderungen), den Außenhandel, die Beschäftigung und den Reallohn. In der Finanzsphäre geht es vor allem um Börsenkurse, den Devisenmarkt und die Preisentwicklung (Einzelpreise, Preisniveau). Für die Geldmengensteuerung besonders wichtig ist die Entwicklung der Umlaufgeschwindigkeit des Geldes, mit deren Prognosemöglichkeit man sich (mit unterschiedlichem Erfolg) sehr intensiv befaßt hat, seitdem der Übergang zu flexiblen Wechselkursen die Kontrolle über die Geldmenge möglich machte. Auch Prognosen der Entwicklung kurz- und langfristiger Zinssätze gehören in diesen Bereich, wobei zwischen Geldangebot, Zinsentwicklung und Devisenmarkt natürlich Interdependenzen bestehen, wenn auch nicht notwendigerweise auf kurze Sicht.

Börsen- und Wechselkurzprognosen waren von jeher von jenen Besonders gefragt, die in kürzester Zeit mit einem Minimum an Aufwand ein Vermögen verdienen wollten, aber natürlich auch verlieren konnten. Und wo eine Nachfrage besteht, stellt sich auch das Angebot ein. Wer sich nicht, wie Keynes oder Hahn, auf eigene Intuition verläßt, schwört auf Fundamentalisten oder Chartisten. Mit der Formulierung „in kürzester Zeit" wollen wir das *Tagesgeschehen an den Börsen* ansprechen, das, wenn später die Frage nach der Seriosität solcher Prognosen gestellt wird, streng von der langfristigen Entwicklung der Aktien- oder Devisenkurse (dem *Trend*) zu unterscheiden ist.

Neue Grundeinstellung zu Prognosen

Wenn wir bewußt extrem formulieren, so lautet, was die Bedeutung und die Möglichkeit gesamtwirtschaftlicher Voraussagen anbetrifft, ein Ergebnis der monetaristischen „Gegenrevolution":

(1) Solche Prognosen sind von vornherein zum Scheitern verurteilt.
(2) Die Prognosen sind überflüssig, nachdem inzwischen alle makroökonomischen Schulen das Konzept der Feinsteuerung begraben haben.
(3) Wenn jemand die „wahre" Prognose wüßte, d.h. auch daran glaubte, würde er sie nicht verkaufen, sondern selbst ein Vermögen damit verdienen.

Das letzte Argument ist von den Spielbanken her bekannt: Wer sollte sichere Tips verkaufen, wenn er selbst von ihnen überzeugt ist? Konjunkturelle Stabilität soll nicht durch ständiges Intervenieren, sondern durch die Verstetigung des Geldangebots (Friedman-Regel) erreicht werden, unterstützt durch die „automatischen Stabilisatoren" im öffentlichen Bereich, auf die sich Monetaristen und Keynesianer geeinigt haben. Langfristig stellen sich die „Natürlichen Raten" ein (natürliche Wachstumsrate, natürliche Arbeitslosenrate), die nach monetaristischer Meinung durch ein Nachfrage-Management ohnehin nicht zu beeinflussen sind, auch nicht durch die Geldversorgung. Die gemäßigten Monetaristen sprechen dem Geld noch auf kurze und mittlere Sicht eine aktive Rolle zu, die Neue Klassische Makroökonomik stellt selbst dies in Zweifel: Nur noch unerwartete Eingriffe können reale Effekte auslösen.

Rückblickend ist es interessant festzustellen, daß die Wachstumsprognosen der 50er und 60er Jahre ihrem Wesen nach durchaus angebotsorientiert waren. Projektionen des Produktionspotentials stützen sich auf Annahmen über die Vermehrung der Produktionsfaktoren und deren Produktivität. Die Keynesianer gingen davon aus, daß eine Wirtschafts- und Finanzpolitik nach den neuen Konzepten keine Mühe haben werde, das Potential stets auch voll auszuschöpfen. Monetaristen vertrauen auf das Saysche Theorem, nach dem über die Steuerung durch das Preissystem jedes Angebot auch seine Nachfrage finden wird. Die Realität gab damals beiden Recht: Der zweite Weltkrieg hatte einen riesigen Nachholbedarf hinterlassen, und geringfügigere Rezessionserscheinungen gegen Ende der 40er Jahre wurden durch den Nachfrageboom des Korea-Kriegs hinweggefegt, der so eigentlich die Wachstumsphase einleitete. Im Gegensatz zum Erdölpreis-Schock in den 70er Jahren wurde damals der Welt-Einkommenskreislauf nicht unterbrochen.

Grundstimmung und Prognosebedarf

Was hier kurz umrissen wird, läßt sich bereits für die Zeit der Klassiker beobachten. Die Vorgänge in der Realwelt prägen das Bewußtsein und werden rasch als „strukturell" oder „säkular", d.h. als lang anhaltend und kurzfristig irreparabel klassifiziert. Mit dem oft abrupten Bewußtseinswandel verlagert sich beinahe sprunghaft auch der Zeithorizont der Prognosen, wobei es im einzelnen interessant – aber keineswegs leicht – wäre festzustellen, inwieweit die neue Sicht nachfragebestimmt ist oder durch den Prognostiker selbst herbeigeführt wird.

Mit dem Umschlagen vom schier unbegrenzten Wachstumsoptimismus in den Stagnationspessismismus der 70er Jahre verengte sich, wie bereits ausgeführt, die Sichtweite der Prognosen in radikaler Weise. Während der Weltwirtschaftskrise der 30er Jahre war es nicht anders. Unter dem Einfluß der lang anhaltenden Depression stufte Keynes die Stimmung der Unternehmer (Investoren) als in der Grundtendenz eher pessimistisch ein, und auf das neoklassische Argument der Selbstheilung durch Marktkräfte antwortete er mit dem berühmten: „In the long run we all are dead". Das abrupte Umschlagen mit dem Verlust der Sicht für langfristige Entwicklungen ist im Grunde zu bedauern, denn das kurzfristige Geschehen spielt sich stets auf dem Hintergrund längerfristiger Tendenzen ab und ist ohne diese nicht zu verstehen und erst recht nicht zu extrapolieren.

Mit unserem weiteren Vorgehen folgen wir der Entwicklung in der Nachkriegszeit, indem wir zunächst die Wachstums- und danach die kurzfristigen Prognosen in ihren verschiedenen Varianten Revue passieren lassen. Wir werden schließlich zu der Frage kommen, ob sich daraus etwas für die von uns als so wichtig bezeichnete mittlere Sicht konstruieren läßt. Die Antwort wird gedämpft optimistisch ausfallen.

Langfristige Wirtschaftsprognosen

Wir hatten bereits zwischen konkreten Trend-Extrapolationen und Visionen über Endzustände ohne Zeithorizont unterschieden. Eine weitere aus heutiger Sicht wichtige Unterscheidung ist hinzuzufügen. Langfristprognosen können *historische Einbahnstraßen* (als monotone Trends) vorzeichnen oder einem *Zyklenschema* folgen. Der vorübergehend beinahe in Vergessenheit geratene Glaube an lange Wellen ist erstaunlicherweise wieder zum Durchbruch gekommen.

„Historische Einbahnstraßen" können optimistisch orientiert sein und den mehr oder weniger gradlinigen Weg ins Paradies vorzeichnen. Dazu gehören bereits die Stufentheorie der Historischen Schule bzw. das Nachkriegspendant: W.W.Rostows fünf Stadien des wirtschaftlichen Wachstums, gipfelnd in der modernen Massenkonsumgesellschaft, die gleichzeitig noch zu einer Konvergenz der Wirtschaftssysteme führen sollte [4].

Auch die uns hier interessierenden Wachstumsprognosen der Nachkriegszeit bis zu den frühen 70er Jahren waren monoton angelegt, und eher die Außenstehenden wagten den Einwand, daß die Bäume nicht in den Himmel wachsen können.

Die pessimistische Sicht der Klassiker stützte sich auf das Malthussche Bevölkerungsgesetz und die Ertragsgesetze der Urproduktion von D. Ricardo. Der wenig verheißungsvolle stationäre Endzustand einer maximalen, gerade am Existenzminimum lebenden Bevölkerung war von Richardo nur als Drohung gemeint. Er kämpfte für die Abschaffung der Getreidezölle; weltweit war der düstere Endzustand für ihn praktisch unbegrenzt aufschiebbar. J. St. Mill, der letzte Klassiker, übernahm die klassische Lehre, sah die stationäre Welt aber viel optimistischer. Dank des technischen Fortschritts werde ein wertvolles Gut immer reichlicher vorhanden sein: die Freizeit. Er war beinahe ultramodern in dem Sinne, daß sich der stationäre Zustand von einer Drohung in ein Ziel verwandelt. Sein Buch hatte einen ungeheuren Einfluß auf die kommenden Generationen. J. R. Hicks macht ihn dafür verantwortlich, daß unsere Wissenschaft während eines ganzen Jahrhunderts nur vom stationären Denken beherrscht gewesen sei.

Wie bereits dargelegt, wurde die Weltwirtschaftskrise bald als Dauerzustand einer Welt mit stationärer Bevölkerung interpretiert. Die damals „modernen Stagnationstheorien" entstehen. Das Gegenstück liefert die Nachkriegszeit. Bereits 1960 erstellt das Statistische Amt der Europäischen Gemeinschaften Methoden zur Vorausschätzung der Wirtschaftsentwicklung auf lange Sicht, und zwar ganz im Sinne monotoner Trends in kühner Aufwärtsrichtung, verbunden mit einem Sonderbonus für die allokativen Vorteile des größer gewordenen Marktes [5].

Für die Bundesrepublik hat vor allem das Münchner Ifo-Institut wesentliche Vorarbeiten geleistet. Die hier angesprochenen Prognosen wollten sich im wissenschaftlichen Ansatz deutlich von simplen mechanistischen Trend-Extraplitionen abheben. Zwar waren sie explizit Potentialprognosen, d. h. unter der Hypothese erstellt, ausreichende Nachfrage werde nicht das Problem sein, doch sollte dem Modell ein theoretischer Ansatz zugrunde liegen. Zum Einsatz kamen die gleichen makroökonomischen Produktionsfunktionen, auf die sich auch die neoklassische Wachstumstheorie stützte. Wollte letztere in den Anfangsgründen aber nur aufzeigen, daß ein Zusammenbruch des kapitalistischen Systems nicht zwingend ist und gerade das Wachstum Akkumulationsgleichgewichte möglich macht, waren Potentialprognosen ehrgeiziger in dem Sinne, daß man den Trend nicht nur vorhersagen, sondern zugleich Instrumente aufzeigen wollte, ihn zu beeinflussen. So war ja auch ein Wachstumsziel (50% Wachstum innerhalb eines Jahrzehnts) der Deus ex machina für die Gründung (Umwandlung) der OECD, als die Aufgaben der OEEC getan waren.

Wir fassen die Kritik am damaligen Stand der Prognosetechnik in vier Punkten zusammen, gipfelnd in der Feststellung, daß es bei reinen Trend-Extrapolationen blieb, die für den Außenstehenden nur etwas eindrucksvoller erschienen, gegen die aber die bekannten Einwände voll bestehen bleiben.

(1) Die Argumente in der Produktionsfunktion waren damals Arbeit und Realkapital. Heute treten noch Energie und Rohstoffe hinzu. Für die Produktionsfaktoren muß

die künftige Entwicklung vorgegeben werden, was meist auch nur durch eine Extrapolation geschieht. Die Produktionselastizitäten werden aus Vergangenheitsdaten ermittelt und als konstant angenommen.

Besonders schwer wiegt die Behandlung des technischen Fortschritts. Er erwies sich bei der frühen Schätzung als der wesentliche, wachstumstragende Faktor, der faute de mieux auch einfach als konstant in der Zuwachsrate postuliert wurde.

Die Extrapolationsebene wurde also nur verlagert, und zwar auf Reihen, die sich mindestens ebenso schwer vorhersagen lassen wie die Entwicklung des Sozialproduktes selbst.

(2) Trend-Extrapolationen stützen sich auf die Annahme, daß bestimmte, über lange Zeiten konstante Strukturkoeffizienten auch künftig konstant bleiben werden.

Genau dies aber ist logisch unhaltbar. Denn mit gleichem Recht könnte man davon ausgehen, daß stets Struktureinbrüche gekommen sind. Je länger eine bestimmte Entwicklung angehalten hat, in desto größere Nähe sollte ihr Ende rücken.

(3) Globalprognosen wurden vor allem gefördert, um Branchen- oder gar Absatzprognosen auf Unternehmensebene daran „anzuhängen". Das aggregative Wachstum ist aber nur das gewogene Mittel des Wachstums seiner Teile. Wo ist der Anfang? Wir stehen vor dem bekannten Henne-Ei-Problem. Münchhausen zieht sich am eigenen Zopfe aus dem Sumpf.

(4) Regierungen lassen sich Wachstumsprognosen erstellen. Auch darin liegt ein logischer Widerspruch, denn sie gestalten durch ihre Entscheidungen maßgeblich eben dieses Wachstum, wobei es hier völlig gleichgültig ist, ob man Anhänger einer angebots- oder einer nachfrageorientierten Politik ist. Im Endergebnis lassen sich Regierungen ihre eigene Politik voraussagen.

Die Methode des Anhängens an übergeordnete Aggregate ist nach wie vor außerordentlich populär. Für unser Thema „Irrtümer der Wissenschaft" würden sich gerade hier die schönsten Beispiele finden lassen. Frühere Energieprognosen gingen beispielsweise davon aus, daß die Elastizität der Nachfrage nach elektrischem Strom größer als Eins ist.[3] Wird sie als konstant postuliert, so ließe sich leicht ausrechnen, wann das Sozialprodukt nur noch aus elektrischem Strom bestünde. Das Sozialprodukt als Bezugsgröße ist auch deshalb problematisch, weil manche Sektoren sehr viel, andere äußerst wenig Energie benötigen. Das Vordringen des Dienstleistungssektors hat deshalb zu viel niedrigeren Elastizitäten geführt.

Zyklusorientierte langfristige Prognosen sind alt und zugleich wieder ganz modern. Angesprochen ist der berühmte Kondratieff-Zyklus, von Schumpeter so benannt, von holländischen Sozialisten aber bereits vor Kondratieff entdeckt. Die Schwingungsdauer dieses Zyklus soll 40 bis 60 Jahre betragen. Heute dominieren die technologischen Deutungen: Jede Aufschwungphase ist an eine oder einige wenige große Innovationen gebunden. Das Nachkriegswachstum war nach diesem Konzept der Aufschwung zum 4. Kondratieff, der in

---

[3] Wächst das reale Sozialprodukt um beispielsweise 10%, dann nimmt der Stromverbrauch um mehr als 10% zu. Bei 15% Zunahme würde man von einer Elastizität von 1,5 sprechen.

den 70er Jahren sein Ende fand, weil im kritischen Zeitpunkt Basisinnovationen gefehlt hätten. Auf andere Deutungen (alternde Volkswirtschaften, soziologische Ansätze) können wir aus Platzgründen hier nicht eingehen.

Tatsache ist, daß in der Wirtschaftsgeschichte Phasen langsameren und solche rascheren Wachstums einander ablösen. Man kann bestimmte statistische Glättungsverfahren anwenden und wird mit einiger Phantasie einen „Zyklus" erhalten. Für mich ist er in diesem Falle ein Kunstprodukt. Die Zyklenidee hat einen fatalistischen Grundzug und spiegelt den Pessimismus der 70er Jahre wider. Sind die Basisinnovationen verpaßt, so muß die Durststrecke eben durchgestanden werden. Erst die 90er Jahre können zu den „Goldenen" werden. Verspräche der jetzige, immerhin schon lang anhaltende Konjunkturaufschwung einen neuen Wachstumsschub, so wäre dies ein erneuter „Betriebsunfall" in der sozialistischen Lehre, die die Kondratieff-Idee vor allem verfochten hat. Die „Langen Wellen" sind für mich irgendwie ein Stück Astrologie, und erstaunlicherweise hatten gerade einige der ganz bedeutenden Konjunkturforscher eine diesbezügliche Neigung.

Weltmodelle, Systemdynamik

Als die Depression Ende der 60er Jahre überwunden war und es den Anschein hatte, als könnte das Wachstum weitergehen wie in den besten Tagen, wurde die Bevölkerung durch Modellstudien aufgeschreckt, die – oft infolge leichtfertiger Interpretation in der Presse – geradezu apokalyptische Drohungen vorzeichneten. Besonderes Echo fand die vom Club of Rome geförderte Publikation von D. Meadows, der seinerseits auf J. W. Forrester aufbaut [6, 7].

Strukturvergleich von 5 Weltmodellen

Modelle Aspekte	Forrester-Meadows	Mesa-rovic-Pestel	Bariloche-Modell	Sarum 76	Leontief-Studie
Titel der Studie	Limits to Growth	Mankind at the Turning Point	Catastrophe or New Society?	Global Modelling Project	The Future of the World Economy
Erscheinungsjahr	1972	1974	1976	1977	1977
Zahl der Regionen	Welt als Ganzes	10 Weltregionen	4 Weltregionen	3 Straten nach Pro-Kopf-Einkommen	15 Regionen

Modelle Aspekte	Forrester- Meadows	Mesa- rovic- Pestel	Bariloche- Modell	Sarum 76	Leontief- Studie
Zahl der Sektoren	5 Sub- modelle	8 Staaten	5 Sektoren	13 Sektoren je Stratum	45 Sektoren und 125 Länder
Methode	Differential- Differenzen- Gleichungen	Open Model	Nicht- lineare Optimierung	Ökonometri- sches Simulations- modell	Input-Output- Methode
Politische Empfehlung	Wachs- tumsbegren- zung	Organi- sches Wachstum	Basic Needs, Wachstum und Umverteilung	keine	Mehr Wachstum der LDC's zur Verkleinerung der „Lücke"
„Philosophie"	Pessimi- stisch	Semi-opti- mistisch	Naiv-opti- mistisch, normativ	Experiment- orientiert	Optimistisch

Entnommen aus: Bruno Fritsch, Möglichkeiten und Grenzen der Zukunftsforschung, in: Die Herausforderung der 80er Jahre, Diessenhofen 1981.

Die Ökonomen reagierten, sofern sie nicht einfach alles ignorierten, mit ziemlich heftiger Kritik, wohl nicht ganz unabhängig von der Tatsache, daß Nichtökonomen sich in ihre Gefilde vorgewagt hatten. Die Kritik war berechtigt, sowohl was die Grundhypothesen als auch das methodische Vorgehen betraf, aber ebenso berechtigt war das Anliegen und die Warnung der Verfechter der Weltmodelle, die sich der Kritik stellten und ihre Ansätze wesentlich verfeinerten. Insbesondere gab man den viel zu hohen Aggregationsgrad auf und teilte die Welt in einigermaßen homogene Regionen ein. Damit aber wurden die Modelle ungleich komplizierter und für die breite Öffentlichkeit nicht mehr faßbar. Bald gab auch die Arbeitslosigkeit Grund zur größeren Sorge.

Zwischen Systemdynamikern und den später zu behandelnden Ökonometrikern bestehen totale *Verständigungsschwierigkeiten.* In Stichworten wäre festzuhalten:

(1) Diametral entgegengesetzt zu den Ökonometrikern betrachten Systemdynamiker Gegenwart und nahe Zukunft als gegeben und uninteressant.

(2) Vorgezeichnet werden nur langfristige Tendenzen in groben Linien, keine präzisen Werte wie im ökonometrischen Modell.

(3) Weltmodelle zeichnen sich durch einen hohen Endogenitätsgrad aus. Was im ökonometrischen Modell von außen (exogen) vorgegeben wird, erklärt das Weltmodell aus sich heraus. Damit werden die zirkulären Interdependenzen (G. Mydral) einbezogen. Dies gilt vor allem für die Bevölkerungsentwicklung und die Umweltschäden. Das Prokopf-Einkommen beeinflußt die Geburtenraten, Umweltschäden die Sterbe-

raten. Die Endlichkeit der natürlichen Ressourcen wird berücksichtigt, auch das Recycling.

(4) Die Modelle sind infolge vieler nicht-linearer Beziehungen so komplex, daß sie nur durch Simulation gelöst werden können.

(5) Es werden, anders als im ökonometrischen Modell, keine genauen Strukturparameter geschätzt, sondern Annäherungswerte mehr oder weniger ad hoc vorgegeben und variiert.

Alle möglichen Abläufe sind vorstellbar, monotone oder zyklische. Meist resultieren gedämpfte Schwingungen; das Modell soll aufzeigen, ob und wann etwa Kollapsgrenzen erreicht werden könnten, wenn man die Dinge laufen läßt.

Eine ganz neue Studie von Meadows und Robinson beschreibt einige Erfahrungen im Umgang mit Modellen, die generelle Gültigkeit besitzen, für systemdynamische Modelle freilich größeres Gewicht haben als für traditionelle ökonomische Ansätze [8].

Die Autoren sammelten folgende Erfahrungen:

Wie beim antiken Orakel braucht *jedes Prognosesystem einen Interpreten.* Es gibt ein Medium, das bestimmten Wahrscheinlichkeitsgesetzen folgt (Kaffeesatz, quirlende Teeblätter), und der Interpret muß daraus seine Schlüsse ziehen. Die Gewichte Medium/Interpret haben sich natürlich entscheidend verlagert, aber dennoch bleibt die Rolle des Interpreten von fundamentaler Bedeutung. Der Außenstehende ist nicht in der Lage, die Restriktionen zu verstehen. Jede Vorausschau ist eine *bedingte Prognose,* aber die spezifischen Annahmen werden meist nicht zur Kenntnis genommen, konditionale als absolute Aussagen verstanden. Natürlich können so viele (vom Ökonomen eigentlich zu erklärende) Annahmen vorgegeben werden, daß die Prognose zur reinen Trivialität degeneriert.

Besonders unbefriedigend finden die Autoren die *Existenz dreier Zirkel* mit Verständigungsschwierigkeiten: einen kleinen Kreis von wirklichen Experten, einen größeren Kreis von Wissenschaftlern, die weder den Computer noch das Funktionieren politischer Entscheidungsprozesse gut verstehen, und schließlich die Politiker und Verwaltungsbeamten. Der Politiker fragt den Wissenschaftler: Weshalb lieferst Du keine brauchbaren Prognosen? Umgekehrt lautet das Lamento des Wissenschaftlers: Weshalb nutzest Du nicht meine Prognosen?

An Weltmodellen wird heute vielerorts gearbeitet. Wie bereits betont, geht es nicht um die Prognose möglichst genauer Zahlen, sondern um die Entwicklung *alternativer Szenarien.* Hauptfragestellungen dieser Modelle sind das Welternährungsproblem, die Energieversorgung, inkl. dem Problem der thermischen Verschmutzung, die Verknappung endlicher Ressourcen und vor allem die Umweltproblematik.

Konjunkturprognosen

Die monetaristische Kritik, kurzfristige Wirtschaftsprognosen seien weder notwendig noch möglich, hat ganz und gar nicht zu nachlassender Aktivität geführt. Im Gegenteil: Das Prognoseangebot ist kaum überschaubar. Unternehmen von Weltrang haben sich entwickelt, die allerdings neben ihren Prognosen Informationen aller Art gut aufbereitet anbieten und ihren Kunden kostspielige eigene Analysen ersparen. Trotz mancher Zweifel sollte nicht übersehen werden, daß bereits die Ausschaltung der saisonalen Komponente aus den Zeitreihen ein wesentliches Stück Prognose bedeutet. Wir lassen die verschiedenen älteren und ganz modernen Methoden kurz Revue passieren. Alle Methoden werden heute nebeneinander angewendet, und dies ist gut so. Alle haben ihre Vorzüge und ihre Schwächen. Niemand sollte eine Monopolstellung beanspruchen.

Die *Barometer-Methoden* haben durch das Versagen des Harvard-Barometers beim 1929er Börsenkrach, bei dem auch bedeutende Ökonomen ihr Vermögen verloren, traurige Berühmtheit erlangt. Man hat sich nicht entmutigen lassen und aus den Fehlern gelernt. Die Konjunkturbarometer stützen sich auf die Tatsache, daß bestimmte Zeitreihen der allgemeinen wirtschaftlichen Entwicklung um Monate vorauseilen. Inzwischen hat man vor allem die Zahl der einbezogenen Zeitreihen wesentlich vergrößert und die Analyseverfahren verfeinert. In den meisten Ländern werden heute sog. *Frühwarnsysteme* entwickelt.

Ein weiteres wichtiges – zumindest komplementäres – Instrument ist die *unmittelbare Befragung der Entscheidungsträger,* überwiegend der Unternehmer, z.T. aber auch der Privathaushalte (erwartete Nachfrage nach dauerhaften Konsumgütern, die heute großen Einfluß auf die konjunkturelle Entwicklung haben). Am weitesten ausgebaut ist der Ifo-Test des Münchner Instituts. Ein großer Vorzug dieser Methode besteht darin, daß der Konjunkturforscher Informationen erhält, die ihm die amtliche Statistik nicht bieten kann und nicht einmal bieten darf. Die Datenschutz-Empfindlichkeit des Bürgers entwickelt sich zu einem zunehmend größeren Hindernis des Analytikers. Wichtig ist eine geschickte Schichtung und die Transformation qualitativer Angaben (oft nur: gut – gleichbleibend – schlecht) in quantitative Aussagen unter Anwendung adäquater Gewichte.

Regierungsinstanzen bevorzugen die sog. *Komponentenmethode,* bei der die verschiedenen Abteilungen und Experten Gelegenheit haben, ihr Sachwissen einzubringen. Danach wird ein Kohärenztest durchgeführt. Allerdings bedeutet Kohärenz keinerlei Gewähr für Richtigkeit. Überwiegend hat die Komponentenmethode in der Zeit relativ stetigen Wachstums gut funktioniert, hat sich aber als ungeeignet erwiesen, Wendepunkte vorauszusagen. Sie versagte, als sie gerade erst interessant zu werden begann.

Die *ökonometrische Methode* galt als der eigentliche Fortschritt in der Nachkriegszeit, und sie ist zugleich der schärfsten Kritik seitens der Monetaristen ausgesetzt. Immerhin wurde der erste Nobelpreis an zwei Ökonometriker vergeben, und später waren noch dreimal Ökonometriker die Laureaten. Der ökonometrische Ansatz spiegelt die Theorie von Keynes, den sog. Einnahmen-Ausgaben-Ansatz, obgleich Keynes selbst wenig von Ökonometrie hielt. Es existiert ein ziemlich unfreundlicher Schriftwechsel zwischen Keynes und Tinbergen. Es heißt, Keynes habe seine Konjunkturdiagnose aus der Dicke der „Times" an Samstagen abgeleitet. Der Einnahmen-Ausgaben-Ansatz, der sog. hydraulische Keynesianismus, ist auch der erste entscheidende Punkt der Kritik.[4]

Man bemängelt das Fehlen der Einbeziehung der Steuerung durch das System der relativen Preise, also des neoklassischen Elementes.

Anschauliches und zugleich wichtiges Beispiel für die „Hydraulik" ist die keynesianische Konsumfunktion: Von jedem zusätzlichen Einkommen fließt ein konstanter Bruchteil dem Konsum zu, der Rest wird gespart. Analoges wird für Einkommensausfälle im Konjunkturabschwung postuliert. Diese Hypothese war für die Zeit des Entstehens der Theorie berechtigt, als die Masse der Bevölkerung von der Hand in den Mund lebte. Heute erlaubt das Vermögenspolster (bzw. der Konsumentenkredit) eine größere Stabilität des Konsumniveaus. Die (marginale) Sparquote ist nicht konstant, sondern bewegt sich prozyklisch. Keynes Annahme einer langfristig mit steigendem Wohlstand zunehmenden durchschnittlichen Sparquote – ein Grundpfeiler der Stagnationsthese – war ein totaler Fehlgriff.

Mit einer Fußnote wurde das zweite Hauptproblem bereits angesprochen: die *Hypothese der Konstanz der Strukturparameter.* Die Beziehungen zwischen den Variablen des Modells müssen durchaus nicht mathematisch einfach sein. Moderne Computer verdauen auch komplizierte, nicht-lineare Funktionen. Aber sie müssen eben über die Zeit stabil bleiben. Das eigentliche Dilemma des Ökonometrikers besteht nun darin, daß er, um kleine Fehlergrenzen im wahrscheinlichkeitstheoretischen Sinne zu erhalten, mit den Zeitreihen weit in die Vergangenheit zurückgreifen muß. Um so größer aber wird die Gefahr des Einbezugs strukturfremder Epochen. Die Turbulenzen der 70er Jahre ließen die Befürchtung eines *totalen Strukturbruchs* aufkommen. Dann hätte man, wie nach dem letzten Krieg, lange Zeit verstreichen lassen müssen, um neue Parameter schätzen zu können. Aus heutiger Sicht waren diese Sorgen übertrieben.

Ein leistungsfähiges Modell sollte den Wirtschaftsablauf soweit wie möglich *aus sich heraus (endogen)* erklären können, d.h. nicht darauf angewiesen sein, in der Größenordnung gewichtige Daten als „exogen" (also als nicht pro-

---

[4] Ein erstes ökonometrisches Modell hat J. Tinbergen bereits vor dem Krieg für den Völkerbund entwickelt, als man Instrumente zur Bekämpfung der Massenarbeitslosigkeit suchte. Der andere, erste Nobelpreisträger war der inzwischen verstorbene Norweger Ragnar Frisch, auf den der Begriff „Econometrics" zurückgeht.

gnostizierbar) vorzugeben. Die exogenen Größen werden sonst leicht zur einfachen Ausrede für jegliche Fehlprognosen. Wichtiges Beispiel sind die Exporte, die wesentlich von der Konjunktur der Handelspartner und vom Wechselkurs abhängen. Ein kleines, stark exportabhängiges Land braucht deshalb Prognosen für andere Länder, und der Ökonometriker sieht sich gezwungen, sie entweder selbst mit zu erstellen oder fremden Prognostikern zu vertrauen.[5]

Wenn wir im nächsten Abschnitt die Unmöglichkeit kurzfristiger Wechselkursvorhersagen herausstellen, so bleibt nur die Möglichkeit, Prognosen auf Basis unterschiedlicher Annahmen über die mutmaßliche Entwicklung durchzurechnen. Der Politiker muß sich mit „Szenarien" zufrieden geben.

Zur Problematik der *exogenen Schocks* (Ölpreisexplosion, Streiks, Naturereignisse, Wechselkursturbulenzen) bestehen verschiedene Parallelen, so etwa, daß sie zur bequemen Ausrede für eine grundlegend falsche Prognose werden können. Exogen oder vorhersehbar: Dies kann einfach eine Frage des Zeithorizonts sein. Daß die Ölpreiserhöhung eines Tages kommen mußte und dann drastisch ausfallen würde, war angesichts des ungeheuren Nachfrageanstiegs selbstverständlich. Daß es gerade 1973 passieren würde, konnte niemand voraussagen. Deshalb: für 1973 ein exogener Schock, im längerfristigen Kontext hingegen ein normaler Marktvorgang, mit dem auch der zweite Ölpreissprung vorhergesehen werden konnte und wurde (Abb. 1). Analoges gilt für den Übergang zu flexiblen Wechselkursen.

Die letzte gewichtige Kritik, die vor allem mit R. Lucas in Verbindung gebracht wird, wurde bereits angesprochen. Wirtschaftssubjekte sind *lernfähige Wesen*. Sie werden geld- und finanzpolitische Maßnahmen bald durchschauen, sie antizipieren, sich auf sie einstellen und zu ihren Gunsten ausbeuten. Damit aber kann zugleich die Struktur des Prognosemodells zusammenbrechen.[6]

Längst haben sich aber auch Ökonometriker als lernfähige Wesen erwiesen und der Kritik soweit wie möglich Rechnung zu tragen versucht. Vor allem wird heute der *Angebotsseite* und dem Einfluß der *relativen Preise* (insbesondere Lohn/Zins-Relation) vermehrte Beachtung geschenkt. Um das eben beschriebene Wechselspiel der Antizipationen zwischen privatem und öffentlichem Bereich in den Griff zu bekommen, wurden integrale *politökonomische*

---

[5] So wurde das erste ökonometrische Modell für die Bundesrepublik in Holland entwickelt, weil wegen der engen Außenhandelsverflechtung die holländische Konjunktur der deutschen mit einigen Monaten Abstand folgt.

[6] Natürlich lernen jeweils beide Seiten. Auch die Regierung kann ihrerseits die privaten Abwehrwaffen erahnen und ihr Arsenal entsprechend erweitern, so wie im Rüstungswettlauf neue Waffen stets auch neuartige Abwehrwaffen entstehen ließen.

Bei der Geldmengenkontrolle haben Monetaristen zweifellos den Erfindungsgeist des privaten Sektors unterschätzt, was in der zunehmenden Umlaufgeschwindigkeit des Geldes seinen statistischen Niederschlag fand.

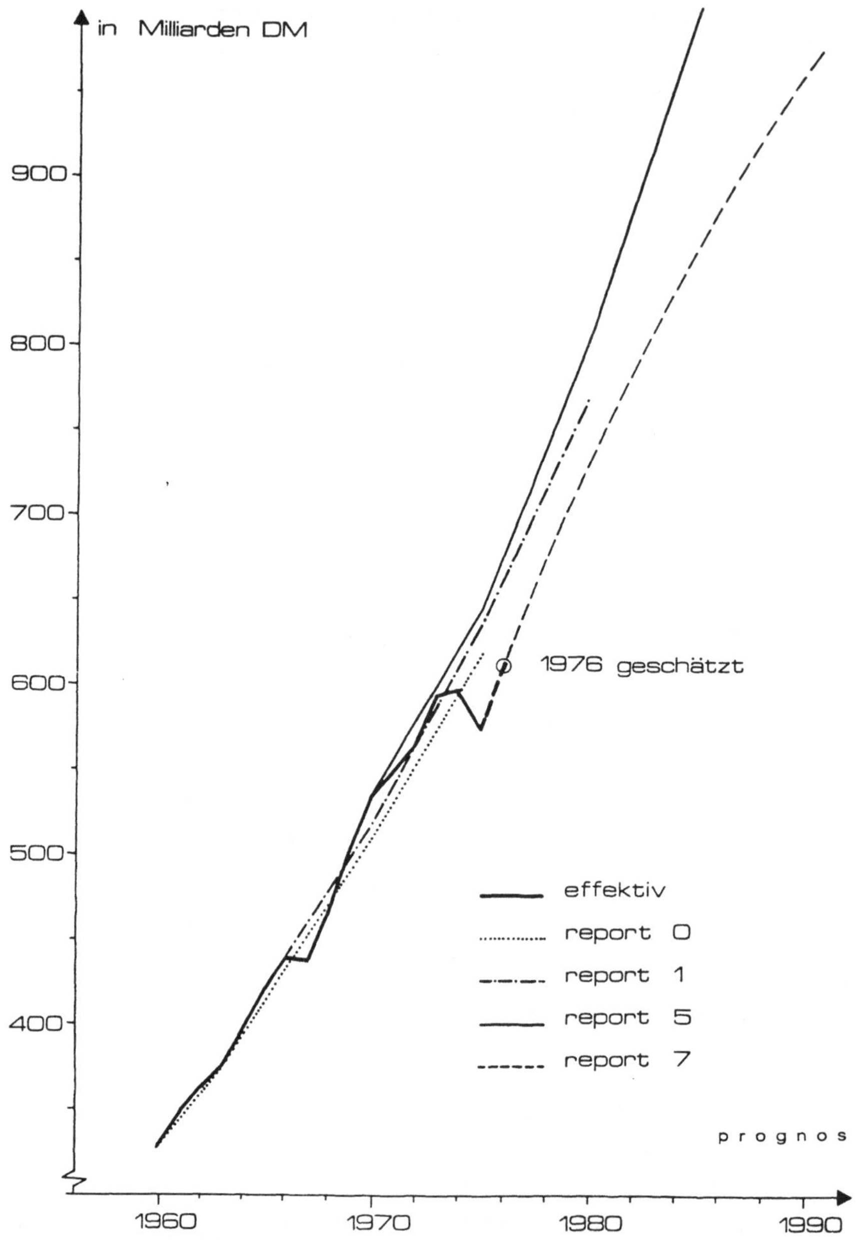

Abb. 1.   Effektive und prognostizierte Entwicklung des Bruttoinlandsprodukts der Bundesrepublik Deutschland 1960 bis 1975 bzw. 1990 (in Preisen von 1962) Quelle: prognos report nr. 7, Basel 1976

86

Systeme entwickelt und erprobt, die in der Tat einen Fortschritt zu bringen scheinen.

Monetaristisch orientierte Ökonomen mit ihrer Skepsis gegenüber dem Funktionieren der Gigantenmodelle bevorzugen wesentlich kleinere, sich auf wenige Variable beschränkende Systeme. Ziemlicher Beliebtheit erfreuen sich dabei die *ARIMA-Modelle* (autoregressive „moving average"-Ansätze), die auch kommerziell genutzt werden (Box-Jenkins-Prognosen). Dabei können ARIMA-Prozesse durchaus kompliziert sein. Im Vordringen sind daneben auch *Vektor-autoregressive Systeme,* die den Vorzug großer Flexibilität bieten: Jede Größe des Systems kann von jeder anderen abhängen. Ein umfangreiches Forschungsprogramm des Schweizerischen Nationalfonds hat gezeigt, daß es derzeit noch nicht möglich ist (und wohl auch niemals sein wird), einer der Methoden den eindeutigen Vorrang einzuräumen bzw. eine andere als endgültig gescheitert zu betrachten. Die modernen, formal bestechenden Ansätze bringen allerdings auch die Gefahr unbedachter Anwendung mit sich: Man steckt etwas in den Zauberkasten, und immer kommt etwas heraus. Die mathematische Kompliziertheit scheint für Qualität zu bürgen, was sich bald als schlimmer Irrtum erweist.[7] Unversehens ist man dort wieder gelandet, wovon man weg wollte, nämlich im primitiven, theoretisch nicht fundierten Empirismus.

Trotz aller Kritik läßt sich ein großer Vorzug der ökonometrischen Methode nicht leugnen. Treten unerwartete Ereignisse ein, so erlauben es moderne Großcomputer, deren Konsequenzen in kürzester Zeit durchzurechnen. Die großen amerikanischen Prognose-Unternehmen wie Chase Econometrics und Data Resources machen davon auch regen Gebrauch und liefern ständig die entsprechenden Revisionen. Mit Erstaunen allerdings nimmt man von der Reaktion des Chefs der volkswirtschaftlichen Abteilung eines deutschen Großunternehmens Kenntnis: „Wir Europäer wünschen mehr Stabilität in den Prognosen!"

„Eintopfgericht eines Prognosekartells"

Diese Überschrift fand sich neulich in einer schweizerischen Zeitung bei der Besprechung von acht Prognosen für das Jahr 1986. Die erwarteten realen Zuwachsraten für das Inlandsprodukt liegen zwischen 1,9% und 2,5%. Es ist verständlich, wenn hier der Außenstehende die Frage der Unabhängigkeit

---

[7] Die Konjunkturlehre des 19.Jahrhunderts kannte die berühmte Sonnenflecken-Theorie. Periodisch auftretende Sonnenflecken sollten das Wetter und damit die Ernten und über diese die Konjunktur beeinflussen.

Der spektralanalytisch orientierte Granger-Test zeigt, daß es umgekehrt ist: Die Sonnenflecken folgen dem amerikanischen Brutto-Inlandsprodukt! „Granger-Kausalität" ist deshalb ein problematischer Terminus.

stellt. Hat vorher eine iterative Annäherung gespielt? Im Laufe des Jahres ist es dann noch zu mehreren Revisionen gekommen. Die nachträgliche Überprüfung der Treffsicherheit hat logisch wenig Sinn, weil die (eingestandenen!) Fehler in der schweizerischen Nationalbuchführung ohnehin größer sind als die hier zur Diskussion stehenden Abweichungen. Möglicherweise war also die scheinbar fehlerhafte Prognose präziser als das Resultat der Nationalbuchführung! Ganz besonders zu beachten bleibt aber, daß die verschiedenen Prognose-Teams ihren spezifischen Rhythmus haben: Wer zuletzt kommt, liegt normalerweise am besten. Die jüngsten Ereignisse können einbezogen werden, insbesondere aber ist die statistische Vergangenheit besser bekannt. Eine Crux des Prognostikers besteht ja darin, daß entscheidende Daten zuweilen erst mit großer Verspätung verfügbar werden. Dies zwingt dazu, Entwicklungen zu „prognostizieren", die längst gelaufen sind. Daher rührt der Spruch unter Prognostikern: Die Vergangenheit ist gleichermaßen unsicher wie die Zukunft.

Für 1987 bietet sich ein recht breites Meinungsspektrum, sofern man sich überhaupt bis dahin vorwagt. Erst recht gilt dies für die frühen 90er Jahre. Mutiger mit durchschnittlichen Wachstumsraten wird man erst wieder für die längere Distanz, weil man entweder nicht zur Rechenschaft gezogen werden und bestimmt auf „exogene Schocks" verweisen, im übrigen aber mit der Vergeßlichkeit der Menschen rechnen kann. Unter Fachleuten heißt es deshalb: Prognosen sind wie Handgranaten; je weiter man sie wirft, desto weniger wird man selbst getroffen. Verschiedene Wirtschaftsmagazine haben jüngst aufgezeigt, wie außerordentlich rasch selbst kurzfristige, völlig daneben liegende Prognosen vergessen werden. Wie bei Wetterprognosen ist es interessant, statistisch zu untersuchen, ob die Trefferquoten innerhalb der wahrscheinlichkeitstheoretischen Zufallsgrenzen liegen.

Börsen und Devisenmarkt

Hier stehen nur sehr kurzfristige Prognosen zu Diskussion, also jene Informationen, die man bräuchte, wenn man von Tag zu Tag oder Woche zu Woche disponiert und nicht die Geduld hat, auf langfristige Trends der Aktienkurse zu setzen, was zugleich bedeutet, sich durch vorübergehende Einbrüche nicht nervös machen zu lassen.

Die Skepsis gegenüber solchen Prognosen ist alt, und sie wird durch Untersuchungen mit modernen Methoden (Spektralanalyse) bestätigt. Befragt man die täglichen Kursfluktuationen an der Aktienbörse, so lautet die Antwort „Rauschen" im physikalischen Sinne. Systematische Komponenten sind nicht feststellbar. Die Tagesfluktuationen folgen Zufallsprozessen („random walk"). Kursbewegungen auf kurze Sicht lassen sich, wie schweizerische Untersuchungen zeigen, zu weniger als 10% aus den „Fundamentals" (Geldmengenentwicklung, Zinsdifferentiale, Inflationsgefälle) erklären. Die Theorie der *effizienten Märkte* läßt nichts anders als dies erwarten, und Börsen kommen dem Modell der Markteffizienz am nächsten. Ein Markt gilt als effizient, wenn die Preise (Kurse) alle verfügbaren Informationen voll widerspiegeln. Die Hypothese lautet, daß die Marktteilnehmer alle greifbaren Informationen voll nutzen und das beste Prognosemodell anwenden.[8]

Ist dies so, dann kann der „Ökonom nicht klüger sein als der Markt". Läge ein System in der Kursentwicklung, so würden viele es entdecken und ausnützen, es damit aber auch zum Verschwinden bringen. Nur noch ein Informationsvorsprung könnte sichere Gewinne garantieren. Zweifellos hat die so definierte Effizienz in jüngster Zeit noch zugenommen, weil die Informationen reichlicher fließen und mit dem Vordringen der institutionellen Anleger immer mehr Profis am Werke sind.

Börsengurus sind für die Presse ein dankbares Phänomen. Sie mögen lange Zeit auf einer Erfolgswelle reiten, oft nur durch einen Mitläufereffekt bedingt (man kauft, weil der Guru es empfohlen hat, und so lange alle kaufen, steigen die Kurse weiter), aber sobald die Seifenblase platzt, verschwinden sie aus dem Blickfeld. Oder man macht es wie Paul C. Martin und prophezeit jahrein, jahraus den unmittelbar bevorstehenden großen „Crash". Kommt er nicht, wird kaum jemand sich erinnern. Kommt er, so kann Martin auftrumpfen.

Ausweg aus dem Dilemma?

Unter Prognostikern gibt es eine alte Regel: „Du kannst Zahlen voraussagen, auch Zeitpunkte, aber niemals beides gleichzeitig." Man soll nichts prognostizieren, was wissenschaftlich nicht verantwortbar ist, möglicherweise auch gar nicht relevant. Wir schilderten den schweizerischen „Prognoseeintopf": Was hängt davon ab, ob die 86er Wachstumsrate 1,9% oder 2,5% betragen wird? Oder was hilft die Aussage des großen Hermann Kahn in der Festschrift für Marion Gräfin Dönhoff, mit der 1969 ein Ausblick auf das „198. Jahrzehnt" versucht werden sollte: „Ich würde annehmen, daß das Bruttosozialprodukt der zehn größten Mächte sich im Jahre 1980 etwa folgendermaßen beziffert (wobei ich sehr erstaunt wäre, wenn diese Schätzungen um mehr als 30% von der künftigen Wirklichkeit abwichen)". Danach folgt eine Reihe von Dollarmilliarden-Zahlen, wobei nicht einmal die Preisbasis angegeben wird [9].

Die Theorie effizienter Märkte bestätigt im Grunde nur das, worin sich Ökonomen mit gesundem Menschenverstand – und dazu gehörte der von uns zitierte A. Hahn – von jeher einig waren, daß nämlich das Tagesgeschehen auf

---

[8] Diese Aussage gilt nicht für den Einzelfall, also etwa einen einzelnen Spekulanten, sondern nur *im Durchschnitt.* Die Streuung kann beliebig groß sein. Einzelne Erfolgreiche oder Verlierer sind deshalb *kein* Argument gegen Markteffizienz.

Märkten *nicht* prognostizierbar ist. Bedeutet dies totale Resignation? Nein, keineswegs! Wir müssen nur unsere Ansprüche etwas zurückstecken. Unsere Markttheorie ist eine Gleichgewichtstheorie. Gleichgewichte sind Gravitationszentren, nicht die Realität des Tages oder der Woche. Gerade die jüngste Entwicklung hat gezeigt, wie lange etwa Wechselkurse von ihren Gleichgewichtswerten entfernt sein können. Aber man hat die Theorie total mißverstanden, wenn deshalb behauptet wird, die Kaufkrafttheorie und das Arbitrage-Theorem seien „falsch". Die Stunde der Wahrheit (der Weg zurück zum Gleichgewicht) läßt sich aufschieben, zuweilen zu lange aufschieben, aber sie kommt unausweichlich, dann oft verbunden mit einem kräftigen Überschießen. *Jede gute Theorie hat deshalb auch prognostische Kraft.* Man betrachte die entscheidenden Makrodaten wie Leistungsbilanzsaldo, Haushaltsdefizit und Diskrepanz zwischen Sparaufkommen und Investitionsbedarf, und man wird ohne aufwendigen analytischen Apparat folgern können, daß auch für den amerikanischen Dollar die Stunde der Wahrheit kommen muß, vermutlich eher, als viele Optimisten (oder Pessimisten, je nach Standpunkt) dies im Augenblick noch vermuten.

Literatur

1. Bombach G (1962) Über die Möglichkeit wirtschaftlicher Voraussagen. In: Kyklos, Bd 15. Die Vorlesung wurde im Februar 1959 gehalten
2. Hahn LA (1955) Wirtschaftswissenschaft des gesunden Menschenverstandes, Zweite, neubearbeitete und erweiterte Auflage. Frankfurt/M. Diese Neuauflage enthält zugleich die wichtigsten Zeitschriftenartikel von Hahn
3. Murphy's Law and other reasons why things go wrong. Bloch A (1981) Los Angeles
4. Rostow WW (1960) The Stages of Economic Growth, A Non-Communist Manifesto. Cambridge University Press
5. Methoden zur Vorausschätzung der Wirtschaftsentwicklung auf lange Sicht. Bericht einer Sachverständigengruppe. Statistisches Amt der Europäischen Gemeinschaften. Statistische Informationen, Nr 6, Luxemburg/Brüssel 1960
6. Forrester JW (1971) World Dynamics. Cambridge Mass
7. Meadows D et al (1972) Die Grenzen des Wachstums. Bericht des Club of Rome zur Lage der Menschheit. Stuttgart
8. Meadows DH, Robinson JM (1985) The Electronic Oracle, Computer Models and Social Decisions. Chisester/New York
9. Kahn H (1969) Modell für 1980. In: Das 198. Jahrzehnt. Eine Team-Prognose für 1970–1980, S 15. Hamburg

Irrtümer bei der Suche nach neuen Arzneimitteln

FRITZ EIDEN
Universität München

Chemotherapeutica

Hutten und Erasmus

An einem Herbsttag des Jahres 1522 humpelt ein Mann keuchend auf den Marktplatz von Basel. Er klopft an die Tür des Hauses, in dem Erasmus wohnt, der berühmte Humanist, das „Licht der Welt". – Der läßt den Schwerkranken abweisen.

Abb. 1. Eine 1496 erschienene, A. Dürer zugeschriebene Darstellung eines Syphiliskranken. Die Jahreszahl 1484 bezieht sich auf eine astrologische Seuchenprognose.

Abb.2. *Holzschnitt aus dem Jahr 1530, der den kranken Ulrich von Hutten darstellen soll.*

Erasmus hat den Unwillkommenen später beschrieben: „Er kommt herfür mit einer stumpfen Nasen, das Bein nach sich schleppend, mit grindigen Händen, stinkendem Atem, kranken Augen und verbundenem Kopf, Eiter fließt aus der Nasen und Ohren" (Abb.1).

Der Hilfesuchende war Ulrich von Hutten, vom Kaiser gekrönter Dichter, kompromißlos im Streit gegen Papst und Fürsten (Abb.2).

Früher hat Erasmus den Hutten „das Entzücken der Musen" genannt, gab sich hingerissen: „Wie könnte Attika mehr Witz und Eleganz erzeugen, als dieser eine besitzt? Ist nicht die göttliche Schönheit selbst seine Sprache?"

Nun muß der Kranke sich weiter nach Zürich schleppen, zu Zwingli. Erasmus aber verfolgt ihn mit Briefen an den Rat der Stadt; Hutten flüchtet auf die Insel Ufenau und stirbt dort, 35 Jahre alt.*

---

* Erasmus von Rotterdam starb 1536 und wurde im Basler Münster beigesetzt. 1928 wurde bei Umbauten seine Gruft geöffnet und das Skelett untersucht. Man fand pathologische Knochenveränderungen, die vermutlich durch eine luetische Infektion verursacht worden sind.

Abb.3. Der immergrüne
Guajakbaum, Guajacum
officinale (Zygophylla-
ceae).

Syphilis

15 Jahre lang hat Hutten die Lustseuche, die Syphilis gehabt und tapfer die
gräßliche Krankheit ertragen – und die Ärzte, was oft noch schlimmer war.

In seinem Buch: „De Guajaci medicina et morbo gallico" berichtet Hutten
über den Verlauf seiner Krankheit, über die Mißerfolge von Quecksilberkuren
und erzählt begeistert von einem neuen Heilmittel gegen die Syphilis: dem
Guajak- oder Pockholz, das in der neuen Welt wächst (Abb.3). Es wird kleingehackt und mit Wasser ausgekocht, man trinkt den Extrakt und badet darin
(Abb.4).

Hutten befand sich mit seiner Krankheit in bester Gesellschaft: kaum ein
Fürst oder Papst, der von der Syphilis verschont wurde; Landsknechte,
Freudenhäuser, unglaublicher Dreck und die Unwissenheit und Unfähigkeit
der Ärzte sorgten für die rasend schnelle Verbreitung dieser gräßlichen Krankheit.

93

Abb. 4. *Behandlung der Syphilis mit Guajakholz, das kleingehackt, abgewogen und mit Wasser ausgekocht wurde. Der Extrakt wurde eingenommen und zum Baden verwendet.*

Abb. 5. *Verkauf von Guajakholz als Arzneimittel gegen Syphilis (Holzschnitt 1519).*

„Wo ein Leiden herkommt, da wächst seine Medizin" – daran glaubte man und schaffte nun riesige Mengen Guajakholz über das Meer nach Europa. Fugger, Welser, Ärzte und Apotheker machten phantastische Geschäfte (Abb. 5).

Schließlich aber wird dem einfältigsten Patienten klar: Mit Guajakholz bringt man die Syphilis nicht weg. Die Therapie mit Guajakholz war ein Irrtum.

Quecksilber

Ein stämmiger Glatzkopf meldet sich nun zu Wort: Theophrast von Hohenheim,
der sich Paracelsus nennt (Abb. 6). Er macht Propaganda für Quecksilberkuren
in seinen „drei Büchern von der französischen Krankheit".

Der polternde Mediziner hat damit nichts Neues erfunden; er plädiert zwar
für exaktere Dosierungen und für Einheitsrezepte bei Schmierkuren (Abb. 7),
empfiehlt aber auch die innere Anwendung toxischer Quecksilberpräparate.

*Abb. 6. Theophrastus Bombastus von Hohen-
heim (Paracelsus), 1493–1541.*

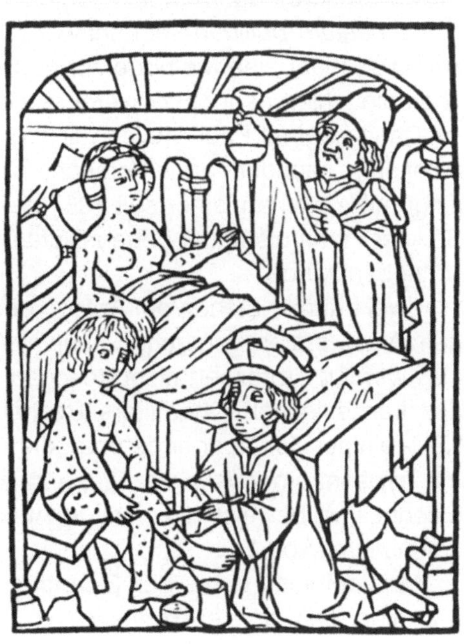

*Abb. 7. Schmierkur mit Quecksilber-
salbe (Holzschnitt 1497).*

Abb. 8. Räucherkur, bei der der Patient in einem Faß oder Zelt Dämpfen ausgesetzt wurde, die in einer Pfanne mit glühenden Kohlen und Quecksilbersalzen erzeugt wurden (Stich 16. Jahrh.).

Erst einmal bringt man so die Patienten reihenweise um (Abb. 8). Im Laufe der Jahrhunderte lernt man dann, mit geeignet dosierten Quecksilberschmierkuren und Sublimatbädern die Symptome der Syphilis vorübergehend zurückzudrängen.

Arsen

Anfang unseres Jahrhunderts entdeckt Fritz Schaudinn den Syphiliserreger: *Spirochaetum pallidum,* ein schwer aufspürbares, spiraliges Bakterium. Wassermann findet eine Methode zur Früherkennung der Krankheit – aber bei der Therapie fehlen neue, erfolgversprechende Ansätze.

Dann beginnt Paul Ehrlich mit organischen Arsenverbindungen zu experimentieren, nachdem erste Versuche mit Farbstoffen erfolglos waren (Abb. 9). Er fängt mit Atoxyl an, einer seit 1867 bekannten Arsenverbindung, die von einer Berliner Firma als Mittel gegen Blutarmut und Hautkrankheiten hergestellt und vertrieben wurde.

Zwei Irrtümer stehen am Anfang der Syphilis-Therapie mit Arsenverbindungen: Nach ersten Versuchen scheint Atoxyl unwirksam zu sein, im Reagenzglas werden Protozoen nicht geschädigt; und man hält Atoxyl – den Angaben des französischen Chemikers Bechamp zufolge – für ein Arsensäureanilid. Nach einiger Zeit aber findet man die Wirksamkeit von Atoxyl bei Mäusen, die mit Trypanosomen infiziert sind, und Alfred Bertheim, ein Mitarbeiter Ehrlichs, erkennt und beweist die richtige Atoxylformel – es ist eine 4-Aminophenylarsonsäure (Abb. 10).

Man entdeckt dann, daß 3-wertige Arsenverbindungen wirksamer sind als 5-wertige, daß bei der Reduktion von Arsonsäuren Arsenobenzole entstehen

96

und daß man mit einem bestimmten Arsenobenzol, dem Salvarsan, ein gegen
Syphilis hochwirksames, intravenös injizierbares Arzneimittel gefunden hat
(Abb.11).

Natürlich gibt es nun viele Gegner – neidische Kollegen, Antisemiten,
Naturapostel. Sie machen Ehrlich das Leben schwer (z.B. rechnet man ihm
vor, daß das Salvarsan viel zu teuer sei: Benzol und Arsenik seien doch für
Pfennige zu haben). 1908 bekommt Ehrlich den Nobelpreis, und bis zum
Beginn des 1.Weltkrieges sinkt die Zahl der Syphiliskranken in Deutschland
auf ein Drittel. Manche der Patienten konnten allerdings nicht geheilt werden,
z.B. die an Paralyse erkrankten, an der sogenannten Gehirnerweichung, bei

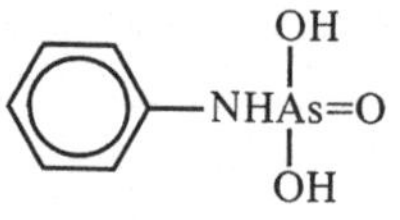

OH
|
⟨⟩—NHAs=O
|
OH

1

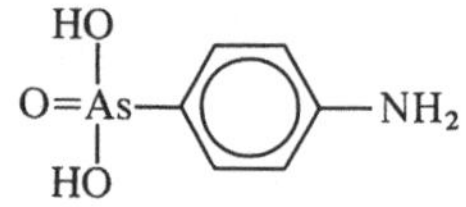

HO
|
O=As—⟨⟩—NH₂
|
HO

2

HO—⟨⟩—As=As—⟨⟩—OH

H₂N   NH₂

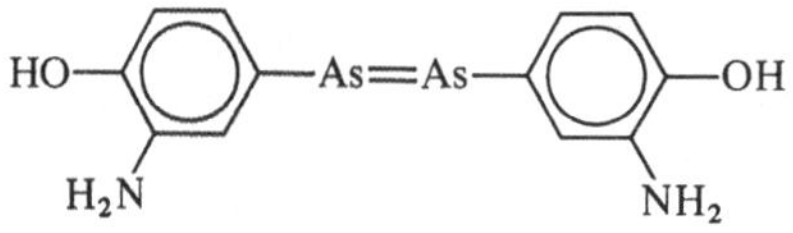

3

Abb. 10. Organische Arsenverbindungen als Antisyphilitica. 1: Von Bećhamp 1863 aufgestellte falsche Atoxylformel; 2: 1907 von Ehrlich und Bertheim publizierte richtige Formel; 3 (·2HCl): Salvarsan (Arsphenamin); neueren Untersuchungen zufolge enthalten die Arsphenaminlösungen Gemische polymerer Substanzen u. a. mit einfachen As-As-Bindungen.

Abb. 11. 1910 wurde das Salvarsan als Syphilis-Heilmittel angeboten.

der Spirochäten in das Zentralnervensystem eingedrungen waren. Hier gab es Heilerfolge durch Malaria-Infektionen; Wagner von Jauregg hat für diese Methode den Nobelpreis bekommen.

Sulfonamide

Inzwischen – 1876 – hatte Robert Koch zum ersten Mal lebende Mikroorganismen als Erreger einer Infektionskrankheit, des Milzbrandes, nachgewiesen. Koch hatte außerdem entdeckt, daß sich Bakterien spezifisch anfärben lassen, daß es Farbstoffe gibt, die an Bakterien haften.

Abb. 12. Die Chemiker *Fritz Mietzsch* (oben rechts) *und Josef Klarer* (oben links) *stellten 1930 Azofarbstoffe mit Sulfonamidgruppen her; der Patho-loge Gerhard Domagk* (rechts) *fand 1932 die chemotherapeutische Wirksamkeit in Tierversuchen (Nobelpreis 1939 „für die Entdeckung der antibakteriellen Wirkung des Prontosils").*

Das war die Grundlage für Überlegungen von Mietzsch und Klarer (Abb. 12), Chemikern der Firma Bayer: Sollte es nicht Farbstoffe geben, die am Bakterium haften und für dieses giftiger sind als für den Wirtsorganismus?

1930 begannen sie mit der Synthese solcher Farbstoffe. Sie stellten eine Reihe von Azobenzol-Abkömmlingen her und bauten bei einigen von diesen eine Sulfonamidgruppe ein, weil sie wußten, daß Farbstoffe mit dieser Gruppe besonders gut an Wolle (auch einem Eiweißstoff) haften. Die Testung übernahm der Mediziner Domagk (Abb. 12), der fand, daß bei Einwirkung dieser Farbstoffe – ähnlich wie bei Ehrlichs Arsenverbindungen – die Bakterien in den Petrischalen ungehemmt weiterwuchsen, daß jedoch mit Streptokokken infizierte Mäuse wieder gesund wurden.

1925 konnte man dann einen dieser Farbstoffe, das knallrote Prontosil, in den Apotheken kaufen. Aber schon ein Jahr später zeigten Tréfuel und seine Arbeitsgruppe vom Pasteur-Institut in Paris, daß der wirksame Teil des Moleküls das Aminobenzolsulfonamid ist, das Sulfanilamid – man sprach vom weißen Motor in der roten Karosserie (Abb. 13). Der rote Farbstoff war im Organismus von Maus oder Mensch zum eigentlichen Wirkstoff aufgespalten worden. Eine neue Klasse hervorragend wirkender, wenig toxischer Chemotherapeutica war gefunden worden – wenn auch wieder einmal am Anfang ein Irrtum gestanden hatte.

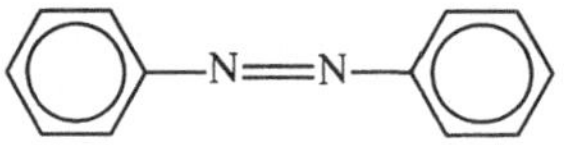

1

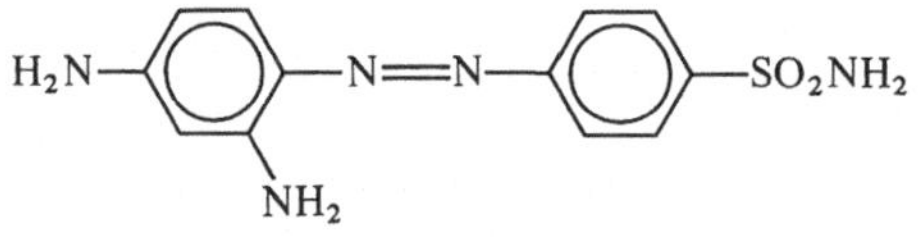

H_2N-⟨⟩$-N=N-$⟨⟩$-SO_2NH_2$
NH_2

2

H_2N-⟨⟩$-SO_2-NH_2$

3

H_2N-⟨⟩$-SO_2NH-$⟨⟩$-N$
OCH_3
N
OCH_3

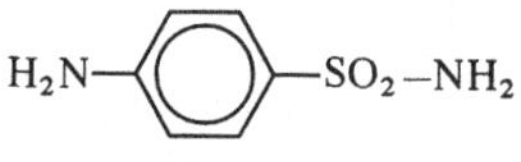

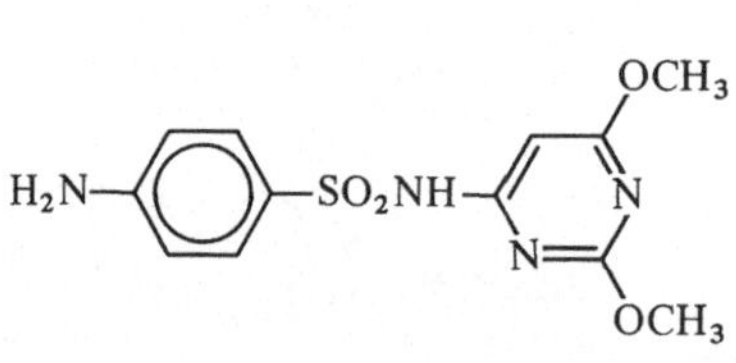

4

Abb. 13. 1: *Azobenzol, eine Molekülgruppierung, die in vielen Farbstoffen vorkommt; 2: Prontosil (Sulfachrysoidin), das erste chemotherapeutisch wirksame Sulfonamid, das im Handel erhältlich war; 3: Sulfanilamid (4-Aminobenzolsulfonsäureamid), der eigentliche Wirkstoff; 4: Sulfadimethoxin als Beispiel für ein modernes Langzeitsulfonamid.*

Inzwischen hat man durch systematische Abwandlungen des Aminobenzolsulfonamid-Moleküls Chemotherapeutica erhalten, die viel stärker und länger wirken, und man weiß inzwischen auch, wie diese Stoffe wirken – mit ihrer Hilfe macht man sich einen Unterschied im Stoffwechsel von Bakterium und Mensch zunutze: Die Synthese von Folsäure im Bakterium wird gehemmt, der Mensch nimmt diesen Stoff mit der Nahrung auf.

Antibiotica

Etwa zur gleichen Zeit wurde die Entwicklung der Chemotherapeutica auf einem anderen Wege durch einen Zufall entscheidend vorwärts getrieben. Der Schotte Alexander Fleming hatte 1928 in London beobachtet, daß Bakterien in Kulturen, auf denen sich Pilze angesiedelt hatten, nicht mehr wuchsen – die Pilze sind wahrscheinlich von einem benachbarten Weinkeller auf Flemings Petrischalen gesegelt. Fleming hat zwar seine Beobachtung in einer wissenschaftlichen Zeitschrift beschrieben und auch die Hypothese von einer Pilzsubstanz, die für Bakterien giftig ist. Aber keiner kümmerte sich darum.

Erst 1939 – der Krieg drohte und begann – interessierte man sich wieder mehr für neue Verfahren zur Bekämpfung von Infektionskrankheiten, und eine von Florey und Chain geführte Arbeitsgruppe isolierte das Penicillin, untersuchte die Wirkung auf Bakterien und entwickelte systematisch Methoden zur Gewinnung dieser Substanzen in größerem Maßstab. 1941 wurde zum ersten Mal ein totkranker Mensch mit Penicillin gerettet.

Die Strukturaufklärung des für damalige Verhältnisse komplizierten Penicillin-Moleküls dauerte ein paar Jahre. Eine Zeitlang arbeitete man mit einem Irrtum, einer falschen Formel. Noch bei den ersten Syntheseversuchen zielte man auf ein Oxazol-Derivat, ein Produkt, das aus Penicillin entstehen kann, aber nicht mehr bakterizid wirkt (Abb. 14).

Heute läßt man Pilze eine Penicillin-Vorstufe herstellen, die der Chemiker dann durch Synthese in geeigneter Weise verändert, z.B. so, daß Penicilline entstehen, die nicht schon durch Magensäure oder durch Bakterienenzyme zersetzt werden.

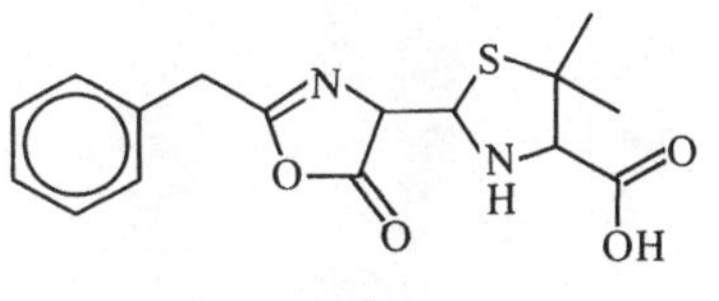

Abb. 14. Es dauerte einige Zeit, bis man die richtige Penicillin-Formel (2) gefunden hatte; die ersten Penicillin-Synthesen begann man mit dem Ziel, das Oxazol-Derivat 1 herzustellen.

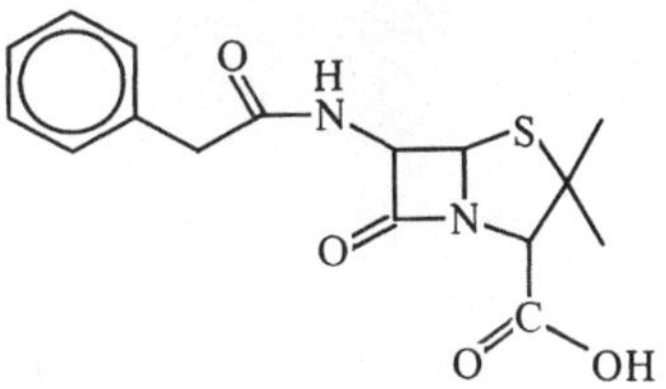

101

Analgetica

Durch Chemotherapeutica ist das Leben der Menschen auf unserer Erde
erträglicher geworden. Das gilt auch für eine andere Gruppe von Arzneimitteln
– für die Schmerzmittel.

Schmerzmittel

Seit es Menschen gibt, haben Menschen Schmerzen ertragen müssen:
Schmerzen, durch Unfälle und Krankheiten verursacht, durch Egoismus
oder Hilfsbereitschaft anderer Menschen. Und seit es Menschen gibt, haben Menschen nach Mitteln gesucht, Schmerzen zu lindern oder zu beseitigen.
Bereits im alten Kreta kannte man Mohn als Schlafmittel oder Schmerzmittel (Abb.15). Ob die ägyptischen Ärzte Mohn oder Mohnzubereitungen benutz-
ten – wie das immer wieder behauptet wird – muß noch bewiesen werden.
Mittel zur Schmerzlinderung kannten sie jedenfalls, wie das berühmte Relief
zeigt: Die Königin reicht dem schmerzgeplagten König Alraune, ein Nacht-
schattengewächs, dessen Inhaltsstoffe – Tropaalkaloide – narcotisch und
krampflösend wirken können (Abb.16). Die Assyrer kannten nachweislich
Mohn und vielleicht auch Opium (Abb.17).
Auch von Dioscurides, dem berühmten griechischen Arzt, wissen wir, daß
er Mohn, Opium und Nachtschattengewächse kannte (Abb.18).
Von Galen und Paracelsus stammen Rezepturen, die Zubereitungen von
Mohn und Nachtschattengewächsen enthalten. In späteren Jahrhunderten
distanzierte man sich jedoch offensichtlich von den Nachtschattengewächsen,

*Abb.15. Die in der Nähe von Heraklion (Kreta)
gefundene, mit Mohnkapseln geschmückte Mohn-
göttin (etwa 1300 v.Chr.).*

102

Abb. 17.   Assyrischer Priester mit Schlafmohn (Relief, etwa
700 v. Chr.).

von Alraune, Bilsenkraut, Tollkirsche und Stechapfel, nicht zuletzt der halluzinogenen Wirkungen wegen. War man erst einmal als Hexe oder Hexenmeister verschrien, war der Weg zum Scheiterhaufen nicht mehr weit.

Morphium

Ein entscheidendes Jahr in diesem Rückblick: 1805! Dem Apotheker Sertürner gelingt in Paderborn die Isolierung des Morphins aus dem Opium (Abb. 19). Nicht eine mystische, göttliche oder teuflische Kraft bewirkt die Schmerzlinderung, sondern eine charakterisierbare, identifizierbare Chemikalie. Auch Sertürner hat mit einer ersten Arbeitshypothese geirrt – er hat nach einer Säure gefahndet. Das war an sich folgerichtig: Man kannte damals schon eine Reihe von Pflanzensäuren (Oxalsäure, Zitronensäure, Äpfelsäure z. B.). Und Sertürner hat ja auch zuerst eine Säure aus dem Opium isoliert, die Mekonsäure. Weiß der Himmel, wer ihn dann zur Ammoniakflasche greifen ließ: Hypnos, der Sohn der Nacht, oder Morpheus, ihr Enkel? Jedenfalls kristallisierte eine Pflanzenbase aus, ein „Alkaloid" (wie der Apotheker Meissner aus Halle diese Verbindungen später nannte).

Morphinformel

Und nun rennen keuchend und mit hängender Zunge viele Chemiker hinter der Morphinformel her, bis schließlich 1925 Robinson in England und Schöpf in Deutschland als erste die Ziellinie erreichen – 120 Jahre nach der Isolierung des Morphins! Ludwig Knorr, ein Schüler des berühmten Chemikers Emil Fischer, war 1907 schon kurz davor: Seine Formel enthält jedoch zwei Irrtümer (Abb. 20).

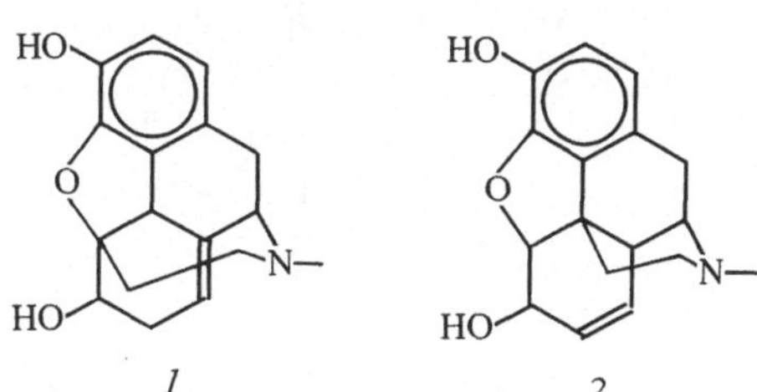

Abb. 20. Die richtige Formel des Morphiums (Morphins 2) wurde 1925 von R. Robinson publiziert und kurz darauf von C. Schöpf bestätigt; bereits 1907 hatte L. Knorr mit seiner Formel (1) fast das Ziel erreicht.

105

Morphinabkömmlinge

Jetzt rumort es in vielen Universitäts- und Industrielaboratorien: Zuerst verändert man das Morphinmolekül, stellt z.B. das Heroin her. Man schneidet dann – auf dem Papier – das Molekül in Stücke und synthetisiert zahlreiche dieser einfacheren Molekülstücke. Tatsächlich gibt es unter ihnen eine Reihe von Substanzen mit der schmerzlindernden Kraft des Morphins: einfache, stickstoffhaltige Ringe wie das Pethidin, die man weiter aufschneiden kann, wobei z.B. das Methadon entsteht, und später, nach dem 2.Weltkrieg, gelingt dann auch die Synthese der Morphinane, der Benzomorphane, der Ethenomorphine und auch des Morphins selbst (Abb. 21).

Natürlich suchte man nach einer Wegmarkierung, nach einer Regel für die Konstruktion von Schmerzmitteln. Und nach einem Vergleich der damals dargestellten wirksamen Verbindungen präsentierte man eine Hypothese, die man heute noch in Lehrbüchern finden kann: In einem Molekül, das Schmerzen durch Wirkung im Zentralnervensystem lindern soll, so sagte man, muß ein vierfach besetztes Kohlenstoffatom stecken, verbunden mit einem Benzolring und einer Kette von zwei Kohlenstoffatomen, an der eine Aminogruppe hängt. Nach dieser Melodie wurde nun beschwingt gewalzt, bald aber kam man aus

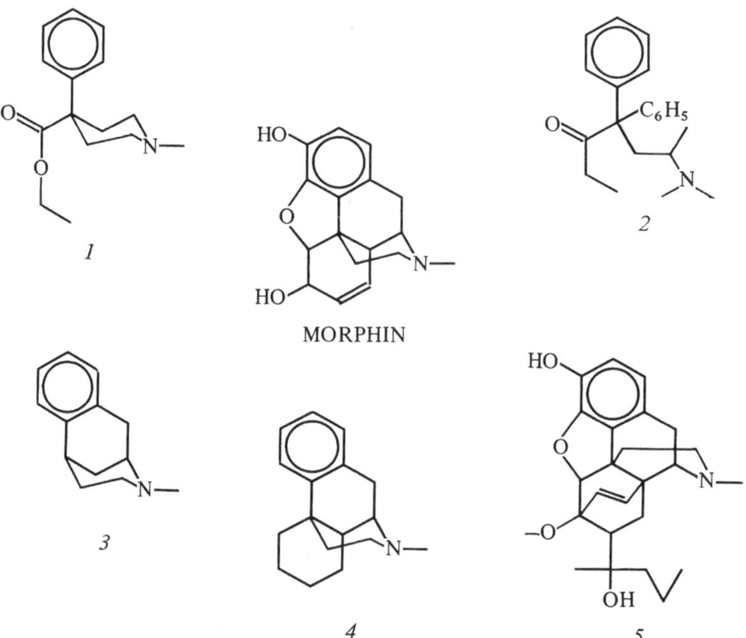

Abb. 21. Vom Morphin abgeleitete, synthetisch hergestellte, stark wirksame Schmerzmittel. Sie wurden zwischen 1930 und 1960 entwickelt und besitzen eine Phenylpropylamin-Gruppierung als gemeinsames Strukturelement. 1 Pethidin; 2 Methadon; 3 Benzomorphan; 4 Morphinan; 5 Etorphin als Beispiel für ein Ethenomorphin.

dem Takt: Einerseits waren viele der so konstruierten und synthetisierten Verbindungen unwirksam, andererseits erhielt man Arzneimittel mit ganz anderen
Eigenschaften, z.B. waren die als Analgetica konzipierten Butyrophenone zwar
Verwandte des schmerzlindernden Pethidins, zeigten aber stark sedierende
und neuroleptische Wirkungen (Abb.22). Und schließlich fand man eine Reihe
von Verbindungen mit morphinähnlicher Aktivität, die aber mit der Morphin-
struktur wenig oder nichts mehr zu tun haben (Abb.23). Die Hypothese von der
Beziehung zwischen Struktur und analgetischer Wirkung führt in die Irre, sie ist
in dieser Form zur Synthese neuer Schmerzmittel mit geringeren Nebenwirkungen nicht zu gebrauchen.

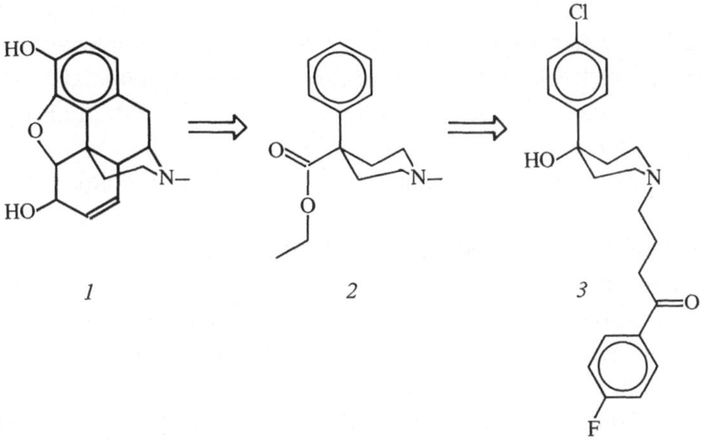

*Abb.22. Entwicklung eines Arzneimittels, das gegen Psychosen wirkt, eines Neurolep-
ticums: Beim Analgeticum Pethidin (2) sind Strukturelemente des Morphins (1) erkennbar. Versuche, Pethidin zu einem wirksameren Analgeticum zu verändern, führten zu
einem stark wirksamen Neurolepticum (3 = Haloperidol).*

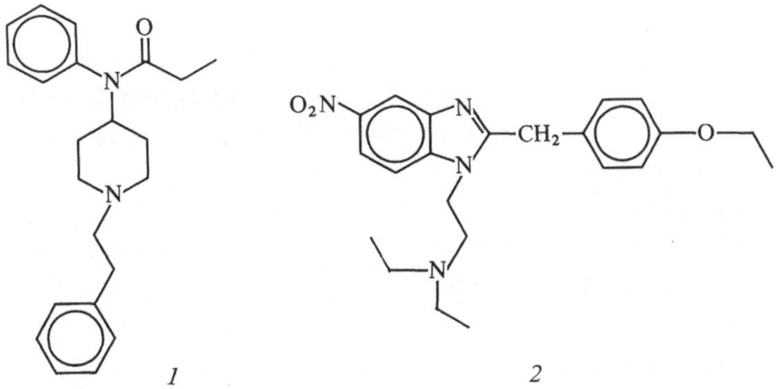

*Abb.23. Formeln von synthetisch hergestellten, stark wirksamen Schmerzmitteln, die
am Opiatrezeptor haften, bei denen aber eine Ähnlichkeit mit der Morphinformel nicht
mehr erkennbar ist: 1 Fentanyl (etwa 200-mal wirksamer als Morphin); 2 Etonitazen
(etwa 800-mal wirksamer als Morphin).*

Rezeptoren

Ein anderer Gedanke führte zu ungemein attraktiven, dann aber auch wieder enttäuschenden Ergebnissen. Paul Ehrlich hatte schon um die Jahrhundertwende die These aufgestellt, daß Arzneimittel im Organismus auf bestimmte Kontaktstellen treffen müssen, um wirken zu können. Und diese Kontaktstellen, die er Rezeptoren nannte, müssen zur Struktur des Arzneimittels passen – etwa wie ein Handschuh zur Hand oder ein Schloß zum Schlüssel. Zum Morphin passend zeichnete man nun Zelloberflächen, Landschaften mit Hügeln und Tälern, Gräben und elektrischen Ladungen. Und man stellte sich vor, daß ein Molekül, das da hinein paßt, auch wirken müsse wie Morphin.

Das Verfahren hat sich in dieser Form zur Planung neuer Schmerzmittel nicht bewährt. Rezeptoren sind offensichtlich komplizierter, sie sind beweglich, lassen sich falten und verdrehen; und ein Arzneimittel muß sich nicht nur einpassen lassen, sondern auch die Fähigkeit haben, die Form des Rezeptors zu verändern.

Daß es solche Morphinrezeptoren gibt (im Gehirn und im Darm), ist bewiesen – durch den Einsatz radiomarkierten Morphins und mit Hilfe sog. Antagonisten. Das sind Stoffe, die das Morphin von der Kontaktstelle verdrängen und seine Wirkung aufheben.

Und nun rumorte eine Frage in manchen Köpfen: Warum ist der menschliche Körper mit Rezeptoren für Morphin, ein ausgefallenes, aus Pflanzen stammendes Molekül, eingerichtet? Gibt es vielleicht körpereigene Stoffe, die den Morphinrezeptor aktivieren? Mitte der siebziger Jahre fand man sie: Eiweißstoffe, bestehend aus verschieden langen Ketten von Aminosäuren, die an den Morphinrezeptoren haften – sogenannte endogene Morphine. Was!? – so verschiedenartige Moleküle wie Morphin und Enkephalin (ein Pentapeptid) greifen am gleichen Rezeptor an?

Neue Hypothese: Die Anfangs-Aminosäure des Peptids, das Tyrosin, ähnelt einer Ecke des Morphin-Moleküls; und dieses bewirkt die Haftung am Rezeptor und führt zur Schmerzlinderung. Aber auch diese Vorstellung ist sicherlich allzusehr vereinfacht und so nicht richtig. Inzwischen nimmt man an, daß es verschiedene Morphinrezeptoren gibt, die zu den verschiedenen Morphinwirkungen führen.

Leider werden die hervorragenden analgetischen Wirkungen des Morphins erheblich beeinträchtigt durch unheilvolle Nebenwirkungen: Die Substanz macht süchtig, hemmt die Atmung und verzögert die Darm- und Blasenentleerung.

Nach der Isolierung der endogenen Morphine hatte man gehofft, daß diese körpereigenen Analgetica die gefährlichen Nebenwirkungen des Morphins nicht zeigen, vor allem nicht süchtig machen würden. Dies stellte sich leider als Irrtum heraus. Die endogenen Morphine führen ebenfalls zur Abhängigkeit und sind zudem viel weniger stabil als Morphin und seine Derivate.

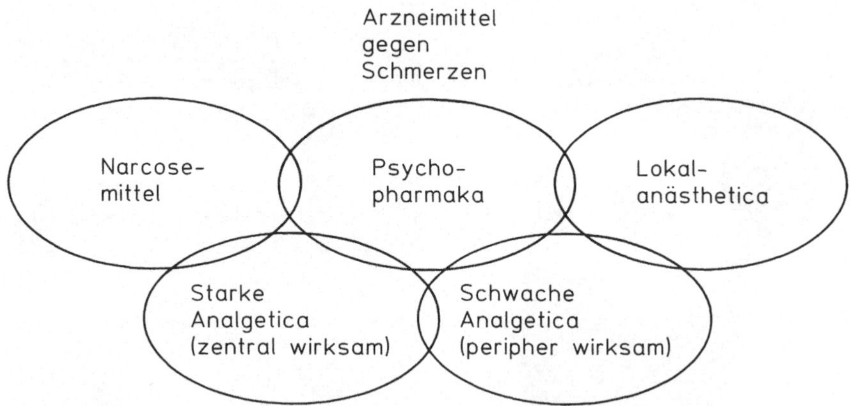

Abb.24. Arzneimittel, die Schmerzen lindern oder (vorübergehend) beseitigen können.

Andere Schmerzmittel

Arzneimittel können nicht nur durch Wirkung im Gehirn und im Rückenmark von Schmerzen befreien, sondern auch auf anderen Wegen, nach anderen Mechanismen. Schmerzen können auch durch Psychopharmaka, Lokalanästhetica, Narkotica oder peripher wirksame Analgetica gelindert oder beseitigt werden (Abb.24).

Während Psychopharmaka das Schmerzerlebnis verändern können, unterbrechen Lokalanästhetica die Weiterleitung von Schmerzsignalen in Nerven. Und die peripher wirksamen Analgetica können dafür sorgen, daß Stoffe, die solche elektrischen Signale erzeugen, nicht gebildet werden.

Lokalanästhetica

Die Entwicklung der Lokalanästhetica wurde entscheidend gefördert durch einen folgenschweren Irrtum: Der Arzt Sigmund Freud, später vielgerühmt und oft kritisiert als Initiator der Psychoanalyse, hatte einen morphinsüchtigen Freund und Kollegen. Freud hatte gegen Ende des letzten Jahrhunderts mit Cocain experimentiert und aufgrund eigener Erfahrungen diese Substanz als Zaubermittel bei neurotischen Störungen und zur Steigerung der Manneskraft gepriesen. 1884 schrieb er in einem Brief an seine Braut: „In meiner letzten schweren Verstimmung habe ich wieder Cocain genommen und mich mit einer Kleinigkeit wunderbar auf die Höhe gehoben. Ich bin eben beschäftigt, für das Loblied auf dieses Zaubermittel Literatur zu sammeln." Freud bewegte auch seinen süchtigen Freund zur Einnahme des vermeintlich unschädlichen Cocains, in der Absicht, ihn von der Morphinsucht zu befreien. Der Versuch

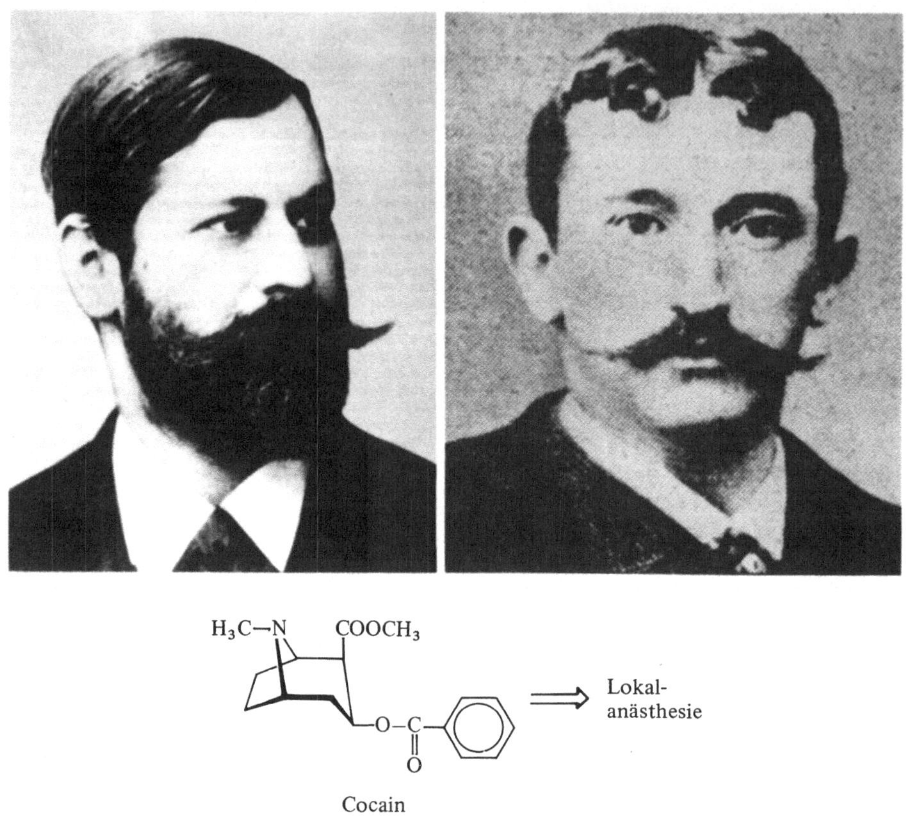

Abb. 25. Sigmund Freud (1856–1939) hatte Cocain als Mittel gegen Morphiummiß-brauch empfohlen. Durch diesen Irrtum wurde der Augenarzt Karl Koller (1857–1944) angeregt, Cocain als Lokalanästheticum in der Augenheilkunde zu verwenden.

mißlang, der Freund nahm zu steigenden Dosen Morphin große Mengen Cocain und starb unter elenden Umständen. Bei seinen Publikationen über das Cocain jedoch erwähnte Freud auch die lokalanästhetische Eigenschaft dieses Stoffes, der bereits 1860 von Niemann im Wöhler'schen Laboratorium isoliert worden war: „Die Eigenschaft des Cocain und seiner Salze, Haut und Schleimhäute zu anästesieren, ladet zu gelegentlicher Verwendung, insbesondere bei Schleimhautaffektionen, ein."

Diese Randbemerkung regte nun einen Freud'schen Kollegen und Freund, den Arzt Karl Koller, zu Experimenten am Auge an. Koller fand, daß mit Cocain schmerzfrei Augenoperationen durchgeführt werden können (Abb. 25). Die Folge dieser Untersuchungen war die Entwicklung zahlreicher neuer Lokal-anästhetica, insbesondere von p-Aminobenzoesäureestern und von Acetani-lid-Derivaten (Abb. 26).

110

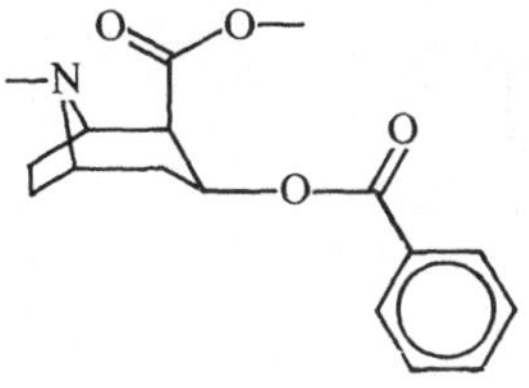

*Abb.26. Das aus Blättern des Kokastrauchs gewon-
nene Cocain war Modell für die Synthese wirksamer
und weniger toxischer Lokalanästhetica. 1: Cocain;
2: 4-Aminobenzoesäureethylester (Anästhesin);
3: Lidocain (als Beispiel für die Gruppe der Aminoacet-
anilide), das auch bei Herzrhythmusstörungen verwendet werden kann.*

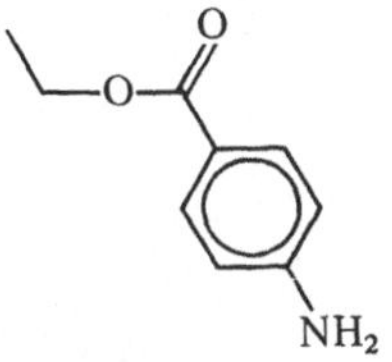

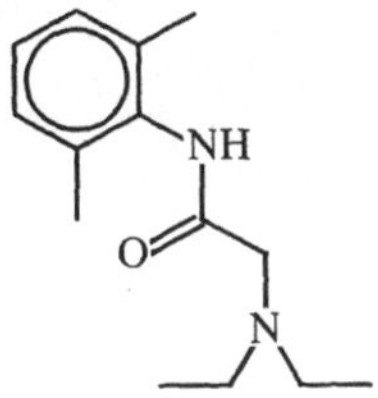

Peripher wirkende Analgetica

Und damit bin ich bei der letzten Arzneimittelgruppe, die ich hier als Exempel
für Irrungen und Wirrungen bei der Suche nach neuen Arzneimitteln aufführen
möchte, den sog. schwachen oder peripher wirkenden Analgetica.

Am Anfang – 1887 – eine Art Komödienstadel-Szene: Die Straßburger
Ärzte Cahn und Hepp wollen untersuchen, ob sich Naphthalin als Wurmmittel
eignet; der Apotheker vertut sich und schickt statt Naphthalin Acetanilid. Auf
eine nicht mehr zu rekonstruierende Weise entdeckt man dabei, daß das Produkt fiebersenkend und analgetisch wirkt. Ein Chemiker findet dann die wahre
Natur der Substanz heraus, und die Verbindung wird unter dem Namen Antifebrin in den Handel gebracht (Abb.27).

2.Akt: Fast zur gleichen Zeit beauftragt Carl Duisberg, damals Prokurist bei
den Elberfelder Farbenfabriken, den Chemiker Hinsberg, sich mit dem p-Nitro-
phenol zu befassen. Diese Substanz stand als Abfall bei der o-Nitrophenol-
Synthese (das zur Farbstoffherstellung benutzt wurde) tonnenweise zur Verfügung. Hinsberg reduziert, verethert und acetyliert das Abfallprodukt und
schickt es einem befreundeten Pharmakologen. Dieser findet, daß das Phen-
acetin, wie die Verbindung dann genannt wurde, die analgetische Wirkung des
Acetanilids erheblich übertrifft (Abb.27).

3.Akt: Ludwig Knorr, der hier schon einmal – bei der Strukturaufklärung
des Morphins – einen Auftritt hatte, setzt 1884, von seinem Lehrer Emil Fischer
angeregt, Phenylhydrazin mit Acetessigester um. Er erhält farblose Kristalle,

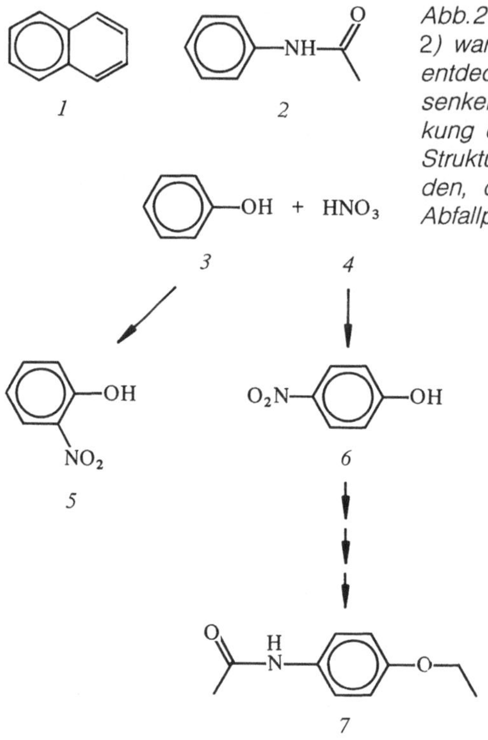

Abb. 27. *Das Analgeticum Acetanilid (Antifebrin, 2) war durch Verwechslung mit Naphthalin (1) entdeckt worden. Die analgetische (und fiebersenkende sowie entzündungshemmende) Wirkung des Phenacetins (7) hatte man nach der Strukturänderung des Nitrophenols (6) gefunden, das neben der Farbstoff-Vorstufe 5 als Abfallprodukt erhalten worden war.*

die er für ein Chinolin-Derivat hält (Abb. 28). Das war ein Irrtum, den er wenige Jahre später korrigierte. Es handelt sich um einen Fünfring mit zwei Stickstoffatomen – ein sogenanntes Pyrazolon –, Modellsubstanz für viele weitere Analgetika, z. B. Aminophenazon und Metamizol (Abb. 28). Was hatte Knorr zu der sonderbaren Chinolin-Formel bewegt? Man kannte damals bereits Chinolin-Derivate, hatte sie als Spaltstücke des Chinins gefunden, und ein Vetter Emil Fischers hatte hydrierte Chinolin-Derivate mit fiebersenkenden Eigenschaften dargestellt. Knorr war so, offensichtlich fasziniert von der Chinolin-Struktur, erst einem Irrwege folgend, auf neue Schmerzmittel gestoßen.

Randbemerkung: Chinin hatte schon einmal, fast 100 Jahre früher, bei der Geburt eines Einfalls Pate gestanden: Ende des 18. Jahrhunderts behauptete der Arzt Samuel Hahnemann, er habe nach der Einnahme einer größeren Portion Chinarinde Fieber bekommen. Das hat ihm keiner nachmachen können. Die umgekehrte Wirkung der Chinarinde bei Kranken – die Fiebersenkung – führte Hahnemann dann zur Ähnlichkeitsregel „similia similibus curantur". Das soll heißen: Die beim Gesunden durch ein Arzneimittel erzeugten Symptome lassen sich beim Kranken durch das gleiche Arzneimittel beseitigen.

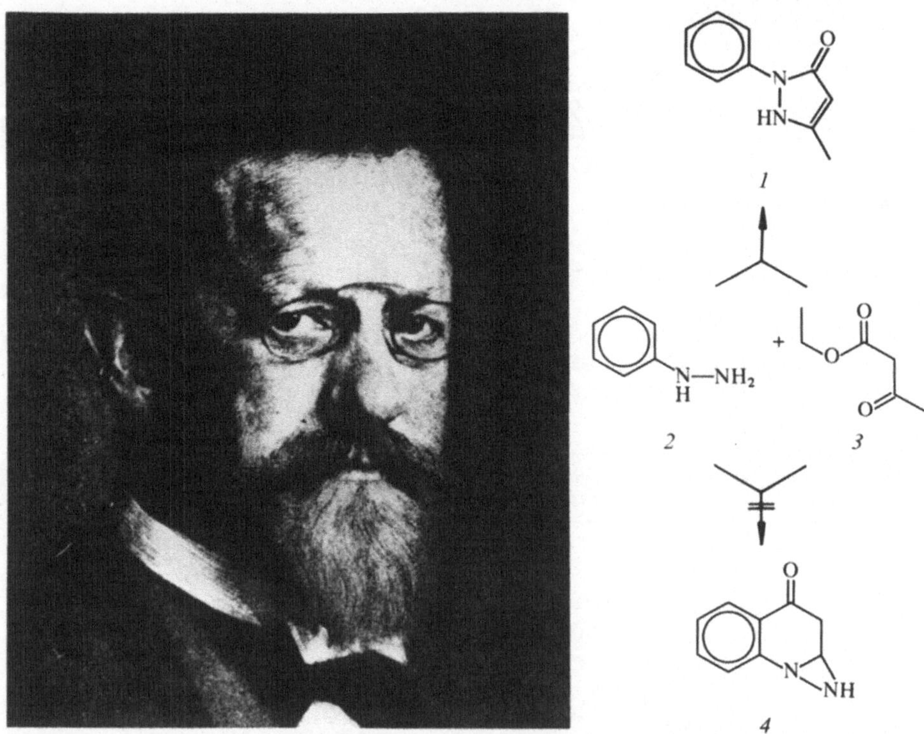

Abb.28. Ludwig Knorr (1859–1921) setzte 1884 Phenylhydrazin (2) mit Acetessigester (3) um und erhielt eine Substanz, die er für das Chinolon-Derivat 4 hielt. 1887 publizierte er die richtige Pyrazolonformel 1.

Ein Irrtum, der zusammen mit der Regel „Je weniger, um so wirksamer" immerhin den Beweis liefert, daß viele Krankheiten auch ohne wirksame Arzneimittel (aber mit dem Glauben an die Arznei) heilen.

Ich habe hier – sehr sporadisch – eine Reihe von Irrtümern bei der Entwicklung der
O Chemotherapeutica und der
O Analgetica
vorgeführt. Die Reihe ließe sich erheblich verlängern: etwa durch die Neuroleptica, die als Antihistamine anfingen; durch die Benzodiazepine, die man erst einmal für Benzoxazepine gehalten hat, oder mit den Blutdrucksenkern, die eigentlich Schnupfenmittel werden sollten.
Wichtiger ist wohl die Feststellung, daß ohne Irrtümer viele fundamentale Entdeckungen unterblieben wären – irrtümliche Beobachtungen, irrtümliche Hypothesen, Modelle aus Irrtümern gezimmert, haben die Entwicklung in Gang gesetzt und vorwärts getrieben (Abb.29).

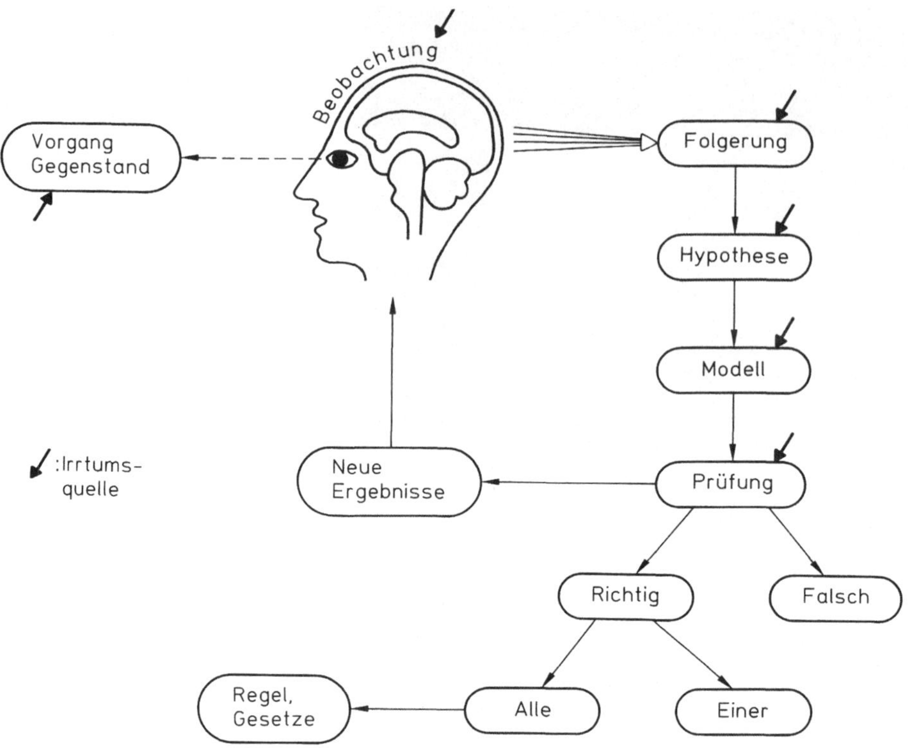

Abb.29. Irrtümer haben die Entwicklung vieler Arzneimittel in Gang gesetzt und vorwärts getrieben. Z.B. führte die Beobachtung, daß sich Bakterien mit Azofarbstoffen anfärben lassen, zur (falschen) Hypothese („Azofarbstoffe können chemotherapeutisch wirksam sein"). Azofarbstoffe waren dann im Tierversuch wirksam, wenn sie Sulfonamidgruppen enthielten. Weitere Hypothesen und zusätzliche Experimente führten schließlich zur allgemein akzeptierten Regel: „4-Aminobenzolsulfonamide können chemotherapeutisch wirksam sein".

＊

Die Suche nach neuen Arzneimitteln ist immer noch mit einer Fahrt auf einem Segelschiff zu vergleichen: Wir richten uns nach den Sternen, und bei bewölktem Himmel treiben wir auf unbekanntem Kurs. Oft genug bekommt das Schiff ein Leck und sinkt mit Mann und Maus; hier und da aber schickt uns der Zufall einen dicken Fisch vor die Harpune; manchmal bläst ein freundlicher Wind das Schiff zu neuen Ufern.

Abb. 30.

Literatur (Auswahl)

Chemotherapeutica

Bäumler E (1976) Amors vergifteter Pfeil. Hoffmann und Campe, Hamburg
Dokumente aus Hoechster Archiven 7, Hoechst 1965
Ehrhart G, Ruschig H (1962) Arzneimittel, Bd 4. Verlag Chemie, Weinheim
Kuhlen F-J (1983) Zur Geschichte der Schmerz-, Schlaf- und Betäubungsmittel in Mittel-
    alter und früher Neuzeit. Deutscher Apotheker Verlag, Stuttgart
Lesky E (1959) CIBA-Zeitschrift 96: 3174
Mietzsch F, Domagk G (1955) Therapeut Ber 1955: 131, 137
Rueb F (1981) Ulrich von Hutten. Wagenbach, Berlin
Schmitz R (1980) Pharmaz Ztg 125: 2047
Schröder E, Rufer C, Schmiechen R (1982) Pharmazeutische Chemie. Thieme, Stuttgart
Werthemann A (1965) Medizinischer Monatsspiegel 27

Analgetica

Burger A (1968) Drugs Affecting the Central Nervous System. Dekker, New York
Cary, AF, Parfitt RT (1986) Opioid Analgetics. Plenum Press, New York
Ehrhart G, Ruschig H (1972) Arzneimittel, Bd 1 und 2. Verlag Chemie, Weinheim
Honegger H, Hessler H (1982) Pharmaz Ztg 117: 1153
Schröder E, Rufer C, Schmiechen R (1982) Pharmazeutische Chemie. Thieme, Stuttgart
Täschner K-L, Richtberg W (1982) Kokain-Report. Akademische Verlagsgesellschaft,
    Wiesbaden
Parnham MJ, Bruinvels J (1983) Discoveries in Pharmacy, Vol 1. Elsevier, Amsterdam

Irrtümer

Menne A (1977) Vorlesungsreihe Schering 1: 5
Thomas L (1981) Die Meduse und die Schnecke, Kiepenheuer & Witsch, Köln

Ursachen großer und kleiner Irrtümer über die Funktion der Niere

KARL JULIUS ULLRICH
Max-Planck-Institut für Biophysik, Frankfurt/Main

Im vergangenen Jahr erschien auf dem Büchermarkt ein Buch mit dem etwas reißerischen Titel: „Der Teufel in der Wissenschaft! Wehe, wenn Gelehrte irren! Vom Hexenwahn bis zum Waldsterben". Der Rezensent der Frankfurter Rundschau [1] schreibt dazu: „Mit ihrem glänzend und sehr verständlich geschriebenen Buch betreiben die beiden Autoren „Volkspädagogik" im besten Sinne des Wortes; sie fördern, indem sie die Geschichte wissenschaftlicher Irrtümer aufzeigen, die kritische Urteilsfähigkeit des einzelnen, der immer wieder in Gefahr ist, zu sehr den „Autoritäten" und zu wenig seinem eigenen Verstand zu trauen." Immanuel Kant [2] würde diese Erkenntnis – ich zitiere – „als roh bezeichnen, weil sie ihrerseits einen Irrtum enthält, ohne der Absicht hinderlich zu sein. In gewissem Sinne kann man – so sagt er – wohl den Verstand auch zum Urheber der Irrtümer machen. Zu diesen verleitet uns unser eigener Hang zu urteilen und zu entscheiden, auch da, wo wir wegen unserer Begrenztheit zu urteilen und zu entscheiden, nicht vermögend sind". Also Vorsicht vor Irrtümern bei der Beurteilung von Irrtümern!

Ich kann in meinen Ausführungen nicht mit einem „Wehe" aufwarten, denn ein solches gibt es wohl eher bei Irrtümern in anderen Wissenschaften als in der Biologie. Vielmehr will ich versuchen, die Ursachen großer und kleinerer Irrtümer bei der Wahrheitsfindung über die Funktion der Niere darzulegen. Vielleicht kann uns dies helfen, Irrtümer in der Zukunft zu vermeiden, d.h. den Schein der Wahrheit von der Wahrheit selbst zu trennen. Vielleicht?!

Vorstellungen über die Nierenfunktion im Altertum

Zu allen Zeiten interessierte den Menschen, woher der *Harn* kommt und was es mit ihm auf sich hat. Doch noch im 2. Jahrhundert nach Christus war es keine allgemein anerkannte Tatsache, daß die Nieren den Harn bilden. Dies zeigt die Polemik, die *Galén* gegen seinen quasi Vorgänger in Rom *Asklepiades* führte. Asklepiades [3] vertrat die Ansicht, daß die dem Organismus zugeführte Flüssigkeit im Inneren verdampft und sich schließlich in der Blase wieder kondensiert, etwa so wie beim Beschlagen einer Fensterscheibe. Die Niere sei dabei überflüssig. Bei seinem Bemühen, den Irrtum des Asklepiades

– der damals übrigens schon lange tot war – und seiner Schule zurechtzurükken, führt Galén [3] zunächst die *Beobachtung* an: Jeder Metzger wisse, daß der Harn aus den Nieren komme und durch die Harnleiter in die Blase fließe. Als zweiten Beweis gegen den Irrtum führt er das *Experiment* an, in diesem Falle das Tierexperiment. Galén schreibt: „Man legt die Harnleiter frei und unterbindet den einen, den anderen läßt man in die Blase sich entleeren. Nach einiger Zeit kann man dann demonstrieren, wie der unterbundene Harnleiter in seinem nach der Niere zu gelegenen Abschnitt voll und gedehnt erscheint, während der andere, nicht ligierte, selber schlaff ist, dagegen die Blase mit Urin gefüllt hat. Dann durchschneidet man den erstgenannten gestauten Harnleiter und zeigt, wie der Urin daraus hervorspritzt – gleich wie bei einem Aderlaß das Blut."

Außer der Einbringung von *Beobachtung* und *Experiment* bzw. der *Erfahrung* bei der Wahrheitsfindung (Tabelle 1) versucht Galén, noch eine dritte Bedingung zu erfüllen, nämlich daß wissenschaftliche Erkenntnis völlig unabhängig von der erkennenden Person sein muß. Er fordert andere auf, sein Experiment nachzuvollziehen, und möchte dadurch Gültigkeit der Erkenntnis für jedermann erreichen, d.h. *Objektivität.*

Als Experimentator erscheint uns Galén überraschend modern: Sein Experiment könnte ebensogut im 17.Jahrhundert n.Chr. ersonnen und durchgeführt worden sein wie im zweiten. Aber der Platz, den die experimentelle Methode im Denken Galéns einnimmt, ist nicht derselbe wie in der Neuzeit: Das Experiment ist für ihn nicht der erste und sicherste Weg zu neuer Erkenntnis, sondern das letzte Mittel, um einen unbelehrbaren Gegner zu widerlegen und mundtot zu machen. Im nachhinein gesehen folgte Galén also eher Karl Pop-

Tabelle 1. Schema des Erkenntnisgewinns: Bei den außerhalb der Erfahrung liegenden Spekulationen fließen Annahmen ein, die entweder willkürlich sein oder auf Analogschlüssen basieren können. Irrtümer können sich auf allen Stufen des Erkenntnisgewinns einschleichen. Bei der Hypothesenbildung [16] sind Spekulationen unentbehrlich, die dabei gemachten Annahmen können in der Regel durch Experimente erhärtet werden.

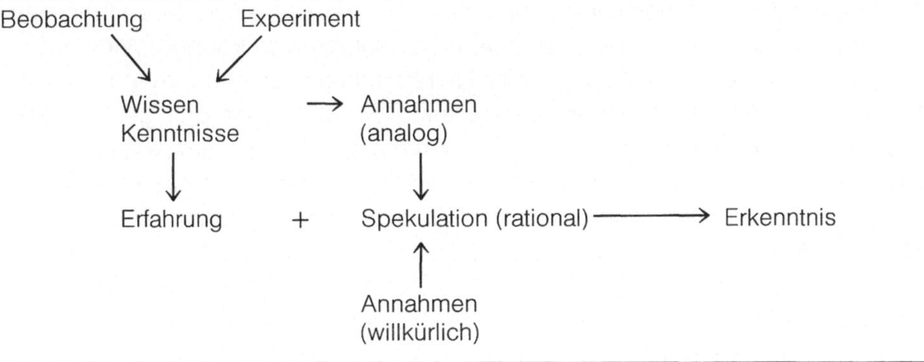

per [4], indem er *deduktiv* vorging und Asklepiades – und zwar nur in einer Aussage – widerlegte, als daß er *induktiv* vorging, wie Bacon [5] empfiehlt, und durch vielerlei Experimente immer mehr Erkenntnisse über die Nierenfunktion zu gewinnen versuchte. Wir sehen also, daß sich Poppers Philosophie für die Biologie nicht so gut eignet [6] wie die Bacons, Kants und die der logischen Positivisten der Wiener Schule.

Galéns Lehre oder Erkenntnisse von der Harnbereitung waren voller Irrtümer. Sie lassen sich in den Grundzügen etwa folgendermaßen formulieren [7]: Aus dem Magen wird Wasser in das Pfortadersystem, das vom Darm zur Leber zieht, aufgenommen, wo es die milchig aussehende Darmlymphe verdünnen und ihr als Vehikel dienen muß. Das Blut, das in der Leber aus der Darmlymphe gebildet und von der rechten Herzkammer erwärmt wird, bedarf dieses Vehikels nicht mehr, und die Nieren haben nun das überflüssig gewordene Wasser wieder auszuscheiden. Zu diesem Zweck sind sie mit einer spezifischen Anziehungskraft begabt, die sie befähigt, fast alles Serum, aber nur wenig eigentliches Blut aus den Gefäßen an sich zu ziehen. Das Serum wird in der kompakten Substanz der Niere von dem dickflüssigen Blut abfiltriert und tritt als Urin in das Nierenbecken über. Der Urin enthält noch eine kleine Menge dünnflüssiger Gallenbestandteile.

Die Irrtümer in Galéns Theorie oder Erkenntnissen sind offensichtlich. Sie sind in erster Linie dadurch bedingt, daß er lückenhafte Erfahrung durch *Spekulation* ersetzte. Galéns Theorie der Harnsekretion, in sich geschlossen und einleuchtend, ist sehr lange nicht in Frage gestellt worden, und es gibt viele Gründe, warum sie sich als Vorurteil, d.h. als ein Prinzip irriger Urteile, bis ins 17. und zum Teil sogar noch bis Anfang des vorigen Jahrhunderts gehalten hat.

Das Mikroskop bringt neue Erkenntnisse (16. und 17. Jahrhundert)

Bei der Aufklärung biologischer Prozesse gilt ganz allgemein, daß der Forscher erst die *Struktur* kennen muß, an der sich ein Vorgang abspielt, und dann das entsprechende *physikalische* und *chemische Rüstzeug* besitzen muß, um die entsprechenden *Experimente* durchführen zu können. Wir werden gleich sehen, daß die Aufklärung der Nierenfunktion auf zunehmenden morphologischen Kenntnissen der Nierenstrukturen und deren richtige Deutung beruhte. 1564 veröffentlichte der Anatom *Bartholomäus Eustachius* eine „Tractatio de renibus" [7]. Darin schreibt er: „Wo die Kelche des Nierenbeckens aufhören, sitzen ihnen schlaffe, fleischige Höcker (caruncula) wie Deckel auf" (Abb. 1). „Wenn du aber diese Fleischhöcker der Länge nach aufschneidest, wird sich dir ein wundervolles Kunstwerk der Natur enthüllen, das fast allen anderen Anatomen unbekannt geblieben ist. Wahrhaftig, du wirst Rinnen und Kanälchen, fein wie Haare, höchst elegant darin ausgemeißelt sehen, und ich

118

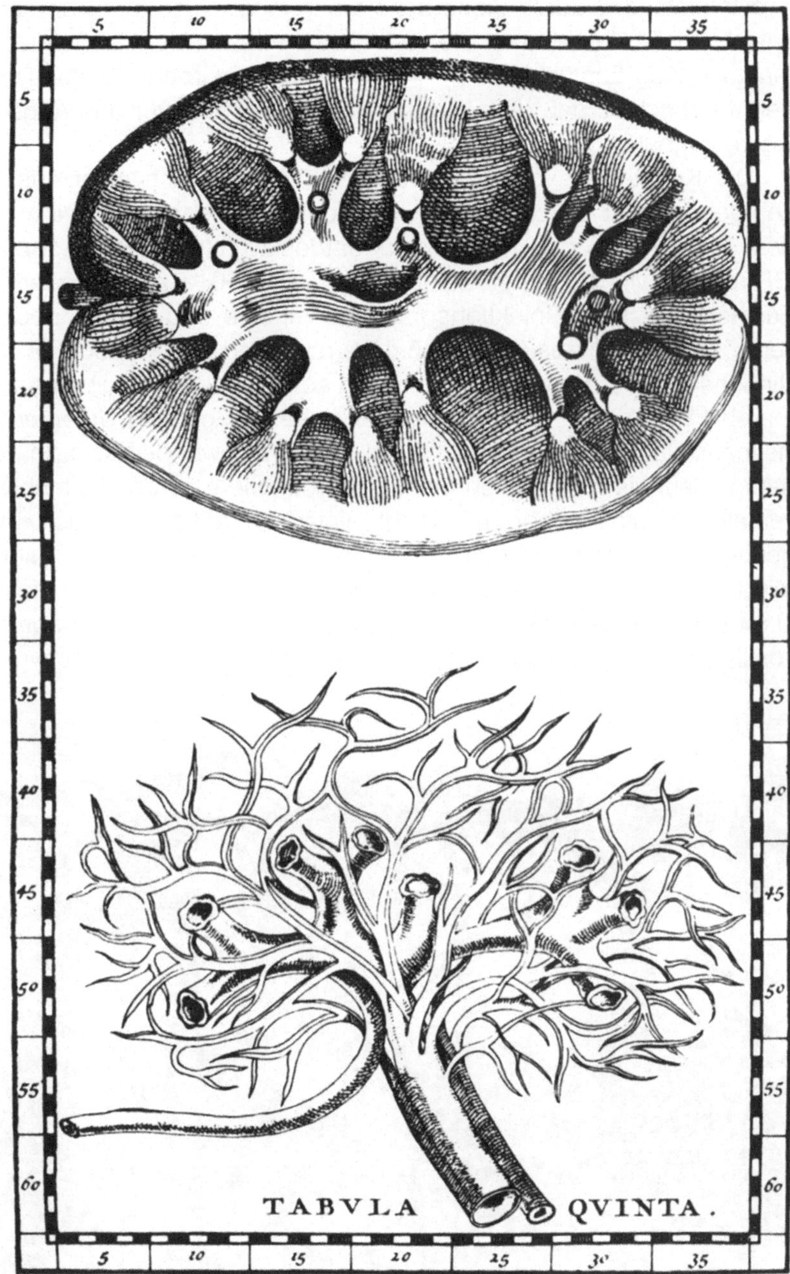

Abb. 1. Oben menschliche Niere, von der Konvexitat her der Länge nach aufgeschnitten, unten Nierenbecken und Nierengefäße. Abb. von Bartholomäus Eustachius (aus [7]).

zweifle nicht, daß durch diese der Harn in die Zweige des Harnganges durchgeseiht wird." Das also ist die erste Beschreibung der Harnkanälchen im Nierenmark. Was Eustachius sah, waren die Sammelrohre. Eustachius hat außerdem beobachtet, daß die Nierenrinde voller feinster, für das Auge kaum mehr wahrnehmbarer Blutgefäße ist.

Die Kenntnisse von Eustachius reichten natürlich nicht aus, um Galéns Lehrgebäude zu stürzen. Dies war jedoch zumindest zum Teil möglich, nachdem Harvey 1615 den Blutkreislauf entdeckt hatte. So war *Marcello Malpighi* [8] in einer viel besseren Position, als er 1666 – also hundert Jahre nach Eustachius – seine Injektionspräparate machte und zudem noch ein 16fach vergrößerndes Mikroskop besaß. Überraschend war es auch für Malpighi, die Rindensubstanz der Niere keineswegs so kompakt und fleischig zu finden, wie man bis dahin oft noch angenommen hatte. Die genaue Untersuchung erwies vielmehr, daß die Harnkanälchen in vielfach gewundenem und verschlungenem Verlauf bis zur äußeren Oberfläche der Niere heranreichten. Dieser Sachverhalt ließ sich schon mit recht einfachen Mitteln deutlich machen. „Es genügt", so schreibt Malpighi, „das Gewebe einer mazerierten Niere vorsichtig mit den Fingern zu zerteilen, auf die frei gewordenen Flächen Tinte zu gießen, sie wieder wegzuwischen – und schon treten die Kanälchen gut sichtbar hervor. Ihre Struktur ist nicht fleischig – wir würden sagen: parenchymatös –, son-

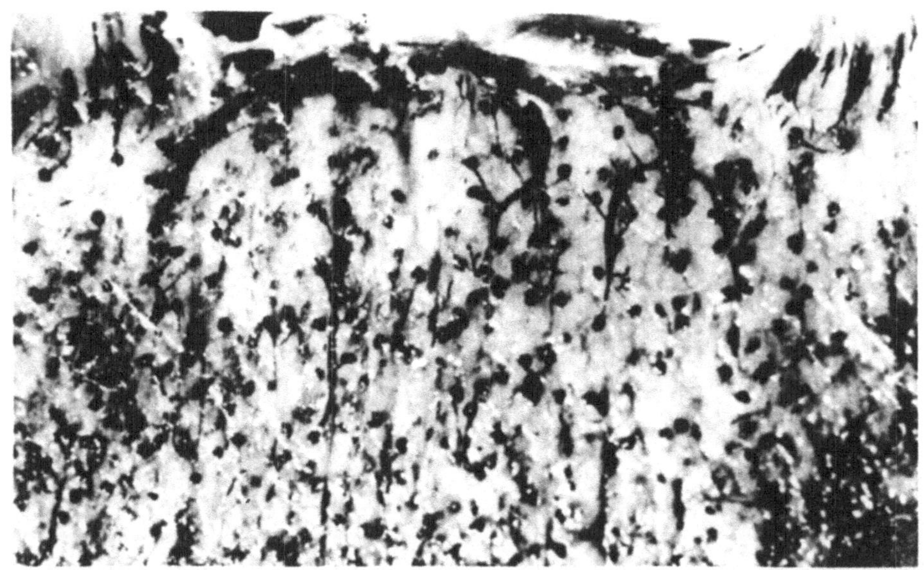

Abb. 2. Injektionspräparat einer Ziegenniere, angefertigt nach Malpighis Methode von Dr. F. Grondona, Mailand. In die Nierenarterie wurden 2 ml mit Alkohol verdünnter Tusche injiziert. Die Malpighischen Körperchen, von dem Entdecker „glandulae renales" genannt, treten als schwarze Tupfer deutlich hervor. Oben ist die Nierenoberfläche. Die zuführenden Gefäße kommen von unten (nach [8]).

dern membranös; sie entsprechen damit den Ausführgängen anderer Drüsen".

Den aktiv sekretorischen Anteil der Nieren glaubt Malpighi in den zahlreichen, über die ganze Rindenzone verteilten runden Körperchen gefunden zu haben, die er als „glandulae renales internae" beschreibt (Abb.2). „Um sie ohne jede Schwierigkeit sehen zu können, muß man in die Nierenarterie – arteria emulgens – eine schwarze, mit Weingeist gemischte Flüssigkeit einspritzen, und zwar so viel, daß die ganze Niere anschwillt und ihre Oberfläche geschwärzt erscheint. Löst man dann die Kapsel ab, so erkennt man schon von bloßem Auge die sich teilenden Arterienzweige und daran hängend, in der gleichen schwarzen Färbung, die „Drüsen". Schneidet man die Niere der Länge nach entzwei, so findet man zwischen den Bündeln der Harnkanälchen wiederum diese kugeligen Gebilde: Wie Äpfel hängen sie an den hübschen Bäumchen der Blutgefäße" (Abb.3). Der anatomische Zusammenhang der

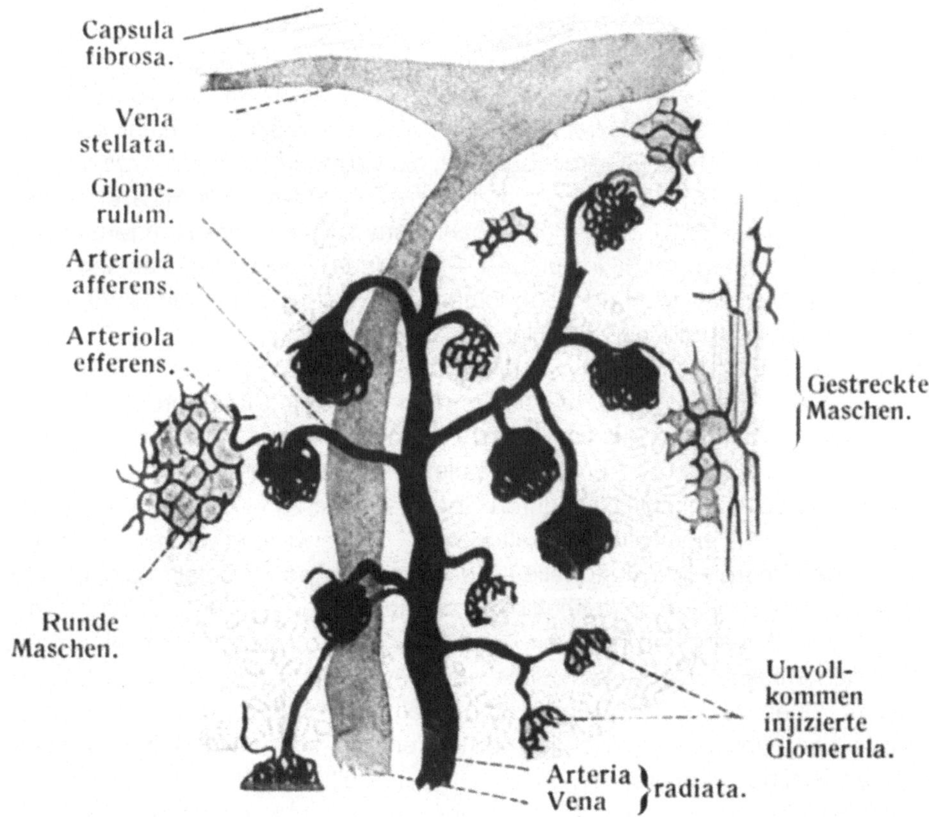

Abb.3. Ausschnitt aus einem Injektionspräparat. Die Capsula fibrosa markiert die Nierenoberfläche. Das zuführende Gefäß, die Arteria radiata, läuft zur Oberfläche hin.

Malpighischen Körperchen mit der Nierenarterie stand also von vornherein fest. Große Mühe gab sich ihr Entdecker, auch die Verbindung dieser „Drüsen" mit ihren „Ausführgängen" nachzuweisen. Da ihm das durch Injektionsversuche – sei es von der Arterie, der Vene oder dem Ureter her – nie richtig gelang, versuchte er die Lücke, wie gehabt, durch Spekulation zu schließen. In *Analogie* zu Drüsen (Tabelle 1), die einen Acinus und einen Ausführungsgang haben, hielt er die Glomerula für Acini und die Tubuli für Ausführungsgänge.

Filtrations-Resorptionstheorie versus Filtrations-Sekretionstheorie (ab Mitte des 19. Jahrhunderts)

Die irrige Ansicht von Malpighi hielt sich fast zweihundert Jahre und wurde noch 1842 von dem englischen Physiologen *William Bowman* eher verschlechtert als ausgeräumt. Nach Bowman sollen die Glomeruli nur Wasser aus den Blutkapillaren absondern, während die Tubulusepithelien das Salz und organische Verbindungen in den Harn sezernieren.

Es war in Marburg, wo zur gleichen Zeit – also 1842/43 – der 26jährige *Carl Ludwig* durch seine 42 Seiten lange, zunächst in lateinisch abgefaßte Habilitationsschrift „Beiträge zur Lehre vom Mechanismus der Harnsekretion" [9] den Grundstein zur *Filtrationshypothese* legte. Carl Ludwig fragte nicht so sehr nach den *Strukturen,* die waren ja bekannt, als vielmehr nach den *Kräften,* welche die Ausscheidung des Urins in der Niere bewirken. Mit Hilfe einfacher Modellexperimente suchte er den Mechanismus der Harnabsonderung als *physikalisches Phänomen* klarzulegen. Er injizierte eine Farbstoffaufschwemmung in die Nierenarterie und beobachtete, daß nur ein farbloses Filtrat in die Harnwege übertrat und daß die Harnkanälchen keine offene Verbindung mit den Blutgefäßen haben. Ludwig schließt daraus, daß in den Glomeruli durch den Druck des Blutes ein *Ultrafiltrat* aus dem Blutplasma abgepreßt wird und daß in den Tubuli durch Osmose *Wasser rückresorbiert* und dadurch der Harn konzentriert wird. Ersteres ist richtig, das letztere teilweise richtig. Auch Ludwig versucht die Lücken im Wissen durch Spekulationen zu füllen, und diese sind wiederum irrig. Mit einer „vitalen Kraftquelle" – heute würden wir sagen mit der chemischen Energie als Kraftquelle für den Salztransport – befaßt Ludwig sich nur, um „ihre gänzliche Unstatthaftigkeit als harnabsondernde Kraft darzutun". Er sagt: „Ihre Anhänger, d. h. einer vitalen Kraftquelle, sprechen dem Nierengewebe die Fähigkeit zu, aus dem Blute eine gewisse Anzahl von Verbindungen an sich ziehen zu können; eine Eigenschaft, die vielleicht, da in der Natur nichts a priori unwahrscheinlich ist, vorhanden sein könnte, obleich man nicht weiß, an welches Substrat sie gebunden sein sollte. Diese Kraft nun könnte höchstens die Ursache der Imprägnierung des Nierengewebes mit Harn, die Ursache einer Verbindung von Harn und Nierengewebe, nimmer aber die Ursache der Aussonderung aus demselben sein, da es aller guten Vernunft widerstreitet, eine Kraft anzunehmen, die den Stoff aufnimmt, um ihn, so wie sie ihn aufgenommen, wieder abzuscheiden."

Die irrige Spekulation argumentiert also mit der Vernunft (Tabelle 1). Wenn wir Carl Ludwigs Lehre vom Mechanismus der Harnsekretion als Ganzes aus der Distanz von über 140 Jahren zu beurteilen und zu werten versuchen, so können wir nur feststellen, daß der junge Marburger Privatdozent eine ausgezeichnete wissenschaftliche Theorie der *Ultrafiltration* und *Rückresorption* geschaffen hat. Ausgezeichnet, weil sie in einem wesentlichen Punkt – hinsichtlich der Glomerulusfunktion – wahr ist und weil sie in ihrem zweiten, fragwürdigen Teil – der Physiologie des Kanalsystems der Niere – den Weg zu fruchtbaren weiteren Experimenten wies.

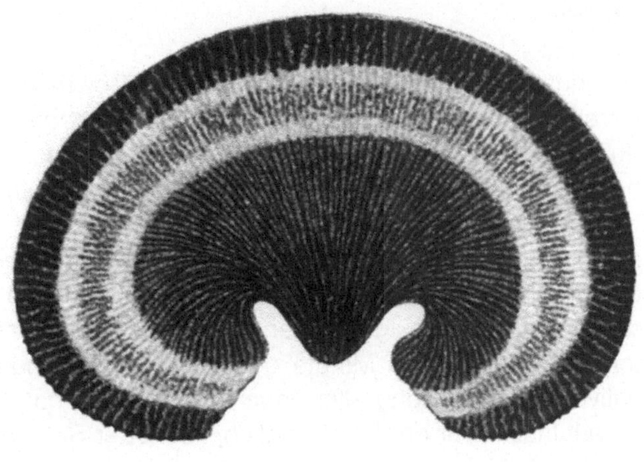

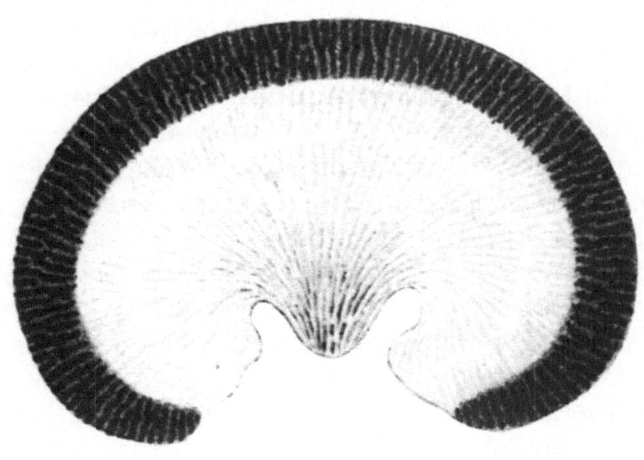

Abb. 4. Oben: Durchschnitt einer Kaninchenniere nach Injektion von 25 ml kaltgesättigter Lösung von indigschwefelsaurem Natrium in das Blut. Unten: Dsgl. nach Blutdrucksenkung. Injektion von 5 ml gesättigter Lösung (nach [9]).

Um die *sekretorische* Funktion der Nierentubuli nachzuweisen, machte der Breslauer Physiologe *Rudolf Heidenhain* [9] folgende Versuche: Er spritzte Versuchstieren Indigocarmin ins Blut, tötete die Tiere und beobachtete die Verteilung des Farbstoffes in der Niere (Abb. 4). Parallel dazu machte er das gleiche mit Tieren, deren Blutdruck er so stark gesenkt hatte, daß man ein Sistieren der Ultrafiltration annehmen durfte. In letzterem Fall fand sich der blaue Farbstoff nur in den Tubulusepithelien der Nierenrinde, aber weder in den Glomeruli noch in den distalen Sammelröhren oder dem Nierenbecken. Heidenhain schreibt dazu: „Was Sekretion heißt, läßt sich nicht augenfälliger demonstrieren als durch das mikroskopische Bild einer derartigen Niere."

Derzeitiges „gesichertes Lehrbuchwissen": Irrtümer werden bald erkannt und revidiert

Heidenhain stellte sich auf den Standpunkt Bowmans: *Filtration und Sekretion,* während Ludwig für *Ultrafiltration und Rückresorption* plädiert hatte. Beide beharrten auf ihren unvollkommenen und damit nicht ganz richtigen Anschauungen. Das Gerangel zwischen den Anhängern Ludwigs und Heidenhains ging bis etwa 1930 weiter, als *A. N. Richards* [10] in Philadelphia in dem Polysaccharid Inulin einen Stoff fand, der frei filtriert und in den Tubuli weder rückresorbiert noch sezerniert wird. Mit Hilfe der Inulin-Clearance war es dann möglich, die filtrierte Flüssigkeitsmenge quantitativ zu bestimmen. Sie beträgt beim Menschen 120 ml pro Minute oder 1 Liter in 8 Minuten. Durch Messung der relativen Ausscheidung aller anderen im Urin vorhandenen Substanzen, bezogen auf Inulin, war es dann möglich, von jeder Substanz zu sagen, wieviel von ihr filtriert und zusätzlich rückresorbiert – oder sezerniert wird. Die Wahrheit liegt nämlich in der Kombination der Anschauung Carl Ludwigs und Rudolf Heidenhains: neben der Filtration gibt es für Wasser und viele Stoffe eine Nettorückresorption, für andere Stoffe eine Nettosekretion.

Durch diese für die ganze Niere geltenden Bilanzen war eine solide Basis für die Nierenforschung der letzten 50 Jahre gegeben. Das *„Was"* und *„Wo"* bezogen sich nun auf die einzelnen Abschnitte des Nephrons und waren durch Mikropunktion derselben ohne allzu große Problematik zu klären [11]. Schwieriger war schon die Frage: *Wie* werden die verschiedenen gelösten Stoffe transportiert? *Passiv* oder *aktiv?* Die heute allgemein übliche Definition ist [11]: Wenn der Transport einer Substanz durch meßbare äußere Kräfte wie Druck, Temperatur, Konzentrationsdifferenz, elektrische Potentialdifferenz getrieben oder wenn die Substanz durch den Wasserfluß mitgerissen wird, dann ist dieser Transport passiv, anderenfalls aktiv, d. h. irgendwie mit Stoffwechselenergie verknüpft. Man kann auch umgekehrt sagen: Wenn wir alle treibenden äußeren Kräfte experimentell ausschalten und dann trotzdem noch einen Transport beobachten, so ist dieser aktiv. Beim aktiven Transport unter-

124

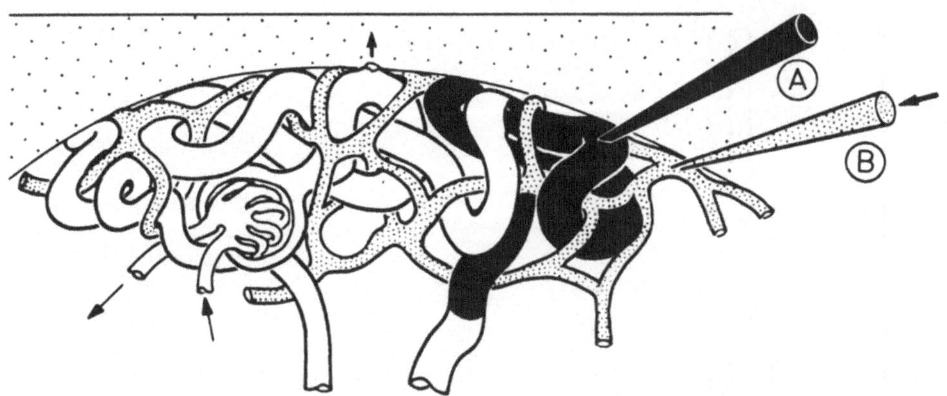

Abb.5. Schema einer Nierenpunktion: Die Oberfläche der Niere ist mit Öl (gepunktet gezeichnet) überschichtet. Mit der angeschliffenen Glaskapillare A ist das Lumen eines proximalen Nierentubulus angestochen und in vorliegendem Fall mit gefärbtem Öl gefüllt. Mit der Glaskapillare B wurde das Kapillarnetz, das die Tubuli umgibt, punktiert. Links unten sind an einem Glomerulus zu- und abführende Blutgefäße durch Pfeile gekennzeichnet. Der oben ins Öl führende Pfeil markiert ein künstlich gesetztes Loch, aus dem bei rascher Perfusion des Tubuluslumens mit Blutersatzlösung diese aus dem Tubulus austreten kann (nach [12]).

scheiden wir dann noch einen primär aktiven Transport, der direkt durch Stoffwechselenergie bei Zerfall des energiereichen Adenosintriphosphats getrieben wird, und einen sekundär aktiven Transport, bei dem der Transport einer Substanz an den Transport einer zweiten gekoppelt ist, die ihrerseits primär aktiv transportiert wurde.

Nehmen wir einen proximalen Tubulusabschnitt und stellen die für unsere Fragestellung optimalen Versuchsbedingungen her, d.h. wir perfundieren ihn auf beiden Seiten, auf der Blut- und der Lumenseite, mit gleichen Lösungen (Abb.5), bringen die elektrische Potentialdifferenz auf Null und eruieren dann, welche gelösten Stoffe noch transportiert werden. Um die elektrische Potentialdifferenz auf Null zu bringen, müssen wir diese genau kennen und verändern können. Bei der Messung der transtubulären elektrischen Potentialdifferenz streuten die Meßwerte von 0 bis -80 mV (Abb.6). Nun sagten sich viele Experimentatoren: Die hohen Werte sind wahrscheinlich richtig und die niederen durch experimentelle Unzulänglichkeiten bedingt. Wir lassen sie folglich aus unseren Betrachtungen weg. Vorsichtige Experimentatoren fragten sich: Wenn aber umgekehrt die niedrigen Werte richtig und die hohen experimentell verfälscht sind? Wie aber nachweisen, welche Potentialmessungen falsch und welche richtig sind? Frömter und Hegel – damals in Berlin – machten sich ein Modell und sagten sich: Wenn wir elektrische Stromimpulse durch eine Elektrode ins Tubuluslumen geben, dann müssen wir mit einer 2.Elektrode, wenn sie im Lumen liegt, die volle Höhe der dazugehörigen Spannungspulse mes-

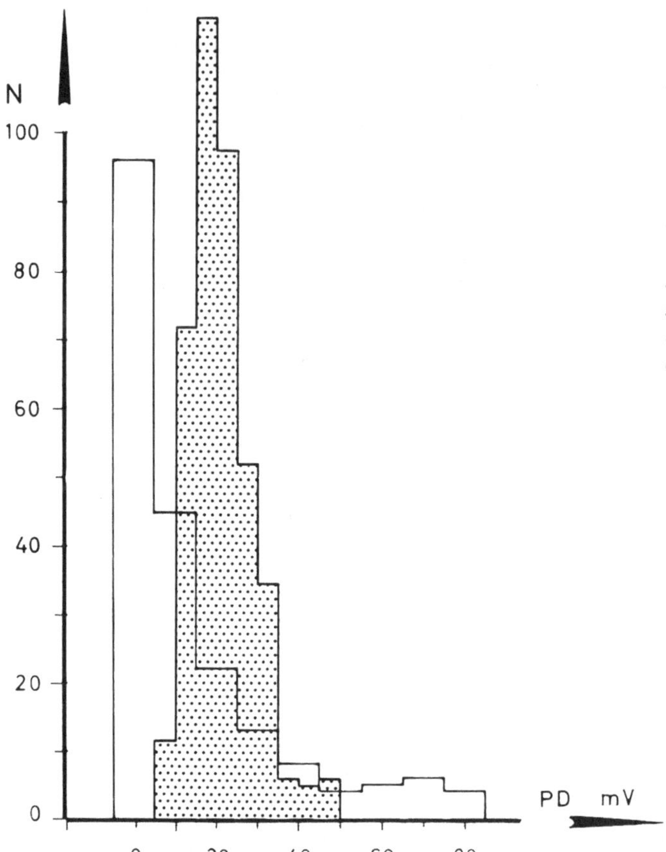

Abb. 6. Nicht ausge-
suchte Verteilung der am
proximalen Nierentubu-
lus gemessenen trans-
tubulären elektrischen
Potentialdifferenzen (PD).
Die meisten Werte liegen
bei 0 mV (offene Säulen).
Die gepunkteten Säulen
geben die von 5 maß-
geblichen Wissenschaft-
lern ausgesuchten Werte
an (nach [13]).

sen (Abb. 7). Liegt die Elektrode in der Zelle, dann sind die Spannungspulse kleiner und außerhalb der Zelle im Interstitium noch kleiner. Nun wird mit der Meßelektrode in die Zelle eingestochen. Wir sehen −30 mV und kleine Spannungspulse. Der Experimentator sagt auf Grund des Vorschubs, jetzt muß die messende Elektrodenspitze im Lumen sein. Die Pulshöhe deutet aber darauf hin, daß sie noch in der Zelle ist oder daß abgerissenes Zellmaterial sich um die Elektrodenspitze schließt. Erst wenn die Elektrode mit hohem Druck durchströmt und die Elektrodenspitze dadurch frei wird, tritt die volle Pulshöhe auf, d. h. die Elektrodenspitze liegt frei im Lumen. Aber die elektrische Potentialdifferenz ist dann Null. Die hohen Potentiale sind also falsch, die niedrigen richtig. Die Konsequenzen der Aufdeckung dieses Irrtums waren gewaltig; von nun an konnten alle elektrogenen Transportprozesse mit elektrophysiologischen Methoden erforscht werden.

Ein anderes eklatantes Beispiel ist die Erforschung der Kochsalzrückresorption im dicken aufsteigenden Schenkel der Henle'schen Schleife: Durch die üblichen Methoden wurde ein aktiver Choridtransport festgestellt. Die

126

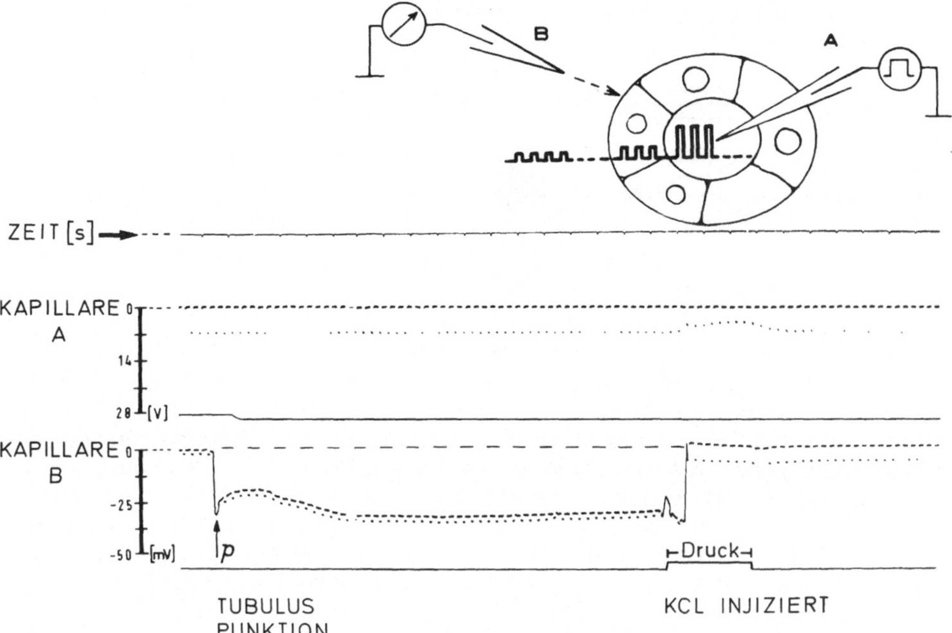

Abb. 7. Vorgehen, um die intratubuläre Lage der Meßelektrode und damit die richtige Potentialdifferenz zu sichern. Erklärung im Text (aus [14]).

Frage war nun, ist dieser primär aktiv, d.h. gibt es eine ATP-getriebene Chloridpumpe, oder ist dieser sekundär aktiv, d.h. durch Kotransport an einen primär aktiven Transport gekoppelt. An Ehrlich-Ascites-Tumorzellen war von Geck und Heinz in Frankfurt ein $Na^+/2Cl^-/K^+$-Kotransportmechanismus gefunden worden, der durch das Diuretikum Furosemid (Hoechst) hemmbar ist. An der dicken aufsteigenden Henle'schen Schleife war wohl die Furosemid-Empfindlichkeit nachweisbar, aber nicht die bei einem Kotransport zu erwartende Na^+- und K^+-Empfindlichkeit des Chloridtransportes. Erst als man die Perfusionslösungen absolut Na^+-frei machte und mit großer Perfusionsgeschwindigkeit perfundierte oder auf die Idee kam, eine mögliche K^+-Rezirkulation durch Ba^{2+} zu blocken, sah man die gegenseitige Abhängigkeit. So konnte R. Greger in Frankfurt nachweisen, daß der aktive Cl^--Transport in der dicken aufsteigenden Henle'schen Schleife sekundär aktiv ist. Die basal gelegene $(Na^+ + K^+)$-ATPase pumpt Na^+ aus der Zelle heraus (Abb. 8). Entlang des dadurch geschaffenen Potentialgefälles für Na^+ läuft dieses luminal in die Zelle und nimmt K^+ und $2Cl^-$ im Kotransport mit. K^+ rezirkuliert luminal, Na^+ und Cl^- verlassen die Zelle kontraluminal über die $(Na^+ + k^+)$-ATPase oder gekoppelt mit K^+. Es gibt also an einer Zelle eine große Anzahl spezifischer Transportagenturen, sprich membrangebundene Transportproteine. Diese zu

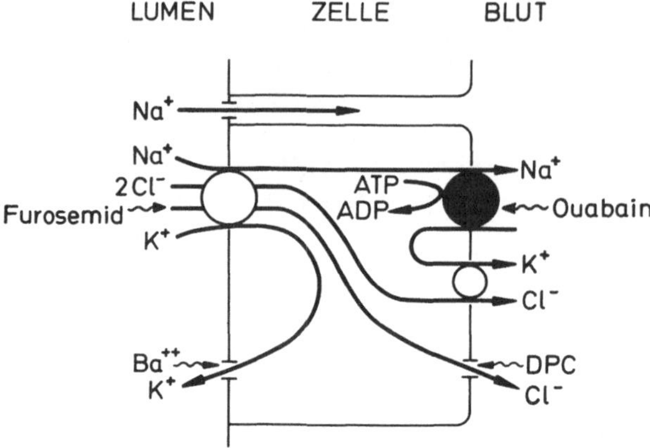

Abb.8. Schema der Kochsalzresorption in der dicken aufsteigenden Henle'schen Schleife. Der gefüllte Kreis zeigt die durch ATP-getriebene Na⁺-K⁺-Pumpe, offene Kreise zeigen gekoppelte Transportmechanismen, Lücken in der Zellmembran Transportkanäle an, die geschlängelten Pfeile markieren den Angriffspunkt der betreffenden Hemmsubstanzen. DPC steht für den Chloridkanalblocker Diphenylamin-2-Carbonsäure. Na⁺ läuft auch an den Zellen vorbei vom Lumen zum Blut (aus [15]).

isolieren und in ihrer molekularen Funktion aufzuklären, ist Aufgabe der Zukunft, welche allerdings schon begonnen hat. Große Erkenntnisse tun sich uns auf. Auf dem Wege zur Wahrheitsfindung immer weniger werdende, aber hypothetisch notwendige Spekulationen sind von vornherein als solche erkannt und werden mit Vorsicht behandelt. Irrtümer, hauptsächlich vom Experiment her, werden häufig nur noch den Fachleuten bekannt. Ihre Lebensdauer ist in der Regel sehr kurz.

Der Erkenntnisgewinn in der Biologie ist jedoch nicht unbegrenzt. Ich vermute, daß die Menschen kommender Jahrhunderte auf unsere Zeit als das goldene Zeitalter des Erkenntnisgewinns zurückschauen und uns eines bedauerlichen Irrtums zeihen, nämlich daß wir uns der Einmaligkeit unserer Zeit nicht bewußt wurden. Zum Abschluß möchte ich mit Kant [17] fragen: Was stellen wir höher: a) den *inneren Wert* von Erkenntnissen, die diese allein aufgrund ihrer logischen Vollkommenheit haben, oder b) den *äußeren Wert* von Erkenntnissen, die in dem Nutzen bei ihrer Anwendung liegen?[1] Oder möchten wir lieber unseren Horizont begrenzen und c) vieles *nicht wissen wollen, weil wir es als potentiell schädlich* für uns betrachten? Ein solches Vogel-Strauß-Verhalten, so glaube ich, steht dem Wissenschaftler nicht an.

---

[1] Unter die Kategorie a) fällt die Grundlagenforschung, unter die Kategorie b) die angewandte Forschung. Es kommt bei der Definition der beiden auf die vorherrschende Intention an. Neuerdings wird häufig von „Grundlagenforschung" gesprochen, wenn es darum geht, die Grundlagen für angewandte Forschung zu legen. Ein derartiger, verwirrender Sprachgebrauch sollte vermieden werden.

Literatur

1. Glaser H (1985) Vom Hexenwahn bis zum Waldsterben, Pauses und von Randows Geschichte der Irrtümer von Wissenschaftlern. Frankfurter Rundschau, 23.11.
2. Kant's Werke, Akademic-Textausgabe, Band IX (1968) Logik VI: Besondre logische Vollkommenheit des Erkenntnisses, p 54 ff. De Gruyter, Berlin
3. Koelbring M (1967) Der Urin im medizinischen Denken. I. Niere und Harnbildung: Galens Tierexperiment. Documenta Geigy
4. Popper R (1979) Ausgangspunkte. 16. Erkenntnistheorie, Logik der Forschung, p 108 ff. Hoffmann und Campe, Hamburg
5. Bacon F (1620) Novum organum
6. Gierer A (1985) Die Physik, das Leben und die Seele. 5. Das Wissen vom Wissen, p 58 ff. Piper, München
7. Koelbring M (1967) Der Urin im medizinischen Denken. II. Nierenphysiologie unter dem Einfluß Galens. Documenta Geigy
8. Koelbring M (1967) Der Urin im medizinischen Denken. III. Die Niere als Drüse. Documenta Geigy
9. Koelbring M (1967) Der Urin im medizinischen Denken. IV. Zur Entwicklung der modernen Nierenphysiologie. Documenta Geigy
10. Smith HW (1951) The Kidney: Structure and Function in Health and Disease, p 49. Oxford Univ Press
11. Ullrich KJ (1985) Kap. 10 „Niere". In: Keidel W-D (Hrsg) Kurzgefaßtes Lehrbuch der Physiologie, S 1–30. Thieme, Stuttgart
12. Ullrich KJ, Greger R (1985) Approaches to the study of tubule transport functions. In: Seldin DW, Giebisch G (eds) The Kidney: Physiology and Pathophysiology, Vol 1, Chap 20 p 427–469. Raven Press, New York
13. Frömter E, Hegel U (1966) Transtubuläre Potentialdifferenzen an proximalen und distalen Tubuli der Rattenniere. Pflügers Arch 291: 107–120
14. Frömter E, Wick T, Hegel U (1967) Untersuchungen über die Ausspritzmethode zur Lokalisation der Mikroelektrodenspitze bei Potentialmessungen am proximalen Konvolut der Rattenniere. Pflügers Arch 294: 265–273
15. Greger R (1985) Physiol Rev 65: 760
16. Kant's Werke. Akademic-Textausgabe, Band IX (1968); Logik X: Wahrscheinlichkeit, p 85. De Gruyter, Berlin
17. Kant's Werke, Akademic-Textausgabe, Band IX (1968); Logik VI: Logische Vollkommenheit des Erkenntnisses der Quantität, nach p 42. De Gruyter, Berlin

Personen- und Sachverzeichnis